ルネサンスの
多面体百科

Fantastic Geometry-Polyhedra and The
Artistic Imagination in The Renaissance
David Wade

デヴィッド・ウェイド 著
宮崎興二 [編訳]
奈尾信英・日野雅之・山下俊介 [訳]

丸善出版

FANTASTIC GEOMETRY

**Polyhedra and The Artistic
Imagination in The
Renaissance**

David Wade

Copyright © Wooden Books Limited 2015
Published by Arrangement with Alexian limited through Japan UNI Agency, Inc., Tokyo Japan.

All rights reserved. This book, or parts thereof, may not be reproduced in any form or by any means, electronic or mechanical, including photocopying, recording or any information storage and retrieval system now known or to be invented, without written permission from the Publisher.

Japanese language edition published by Maruzen Publishing Co., Ltd., Copyright © 2018.

本書について

　本訳書の原著は，16世紀初めごろのルネサンス時代から17世紀中ごろの近世夜明けの時代にかけて，主に透視図という遠近法を使って描かれたシャンデリアのように豪華で幻想的な多面体の図集になっている．図の作者には，ダ・ヴィンチやケプラーといったよく知られた科学者や画家が顔を見せるが，圧巻は，科学史や美術史にはほとんど顔を見せないヴェンツェル・ヤムニッツァーであろうか．さらに，ヨハネス・レンカーとかローレンツ・シュトーアとか，聞き慣れない名前も大きく扱われる．

　そうした名前をつなぎとめているのが，「ルネサンス」「多面体」「透視図」というキーワードであるが，それに加えて，「印刷術」ならびに「出版業」という思い掛けない言葉が重要な意味を持つ．つまり，ルネサンス時代に発明された印刷術は，時をおかずして出版業を生んだが，その出版業界での目玉商品が絢爛豪華な多面体の透視図で，それを扇の要にして，印刷術や出版業はあっという間に世界中にひろまり，古代からの世界の文化の歴史を書き換えていったという．しかもその扇の要は，1560年代中ごろという極めて短い期間の，ドイツのニュルンベルクという非常に限定された場所にあったという．つまり，ルネサンス以後，印刷された出版物で広まった世界の文化の原点には，短い期間に狭い土地で印刷された多面体の透視図があったということになる．

　複雑に入り組む歴史をこのように単純に捉えることには異論があるに違いないが，原著の説は，実在が疑わしい伝承や古文書に基づくのではなく紛れもなく原本や印刷版が残る図を手掛かりにして導かれたもので，説得力がある．

　こうした歴史は繰り返される．いま，印刷術に代わるインターネットやコンピュータ・グラフィクス全盛の時代を迎えているが，その時代の夜明けのころには，技術を高めるために多面体の透視図の作図がしばしば推奨され，ダ・ヴィンチの枠組み多面体の図をコンピュータで作図するソフトなども開発された．その後，いまや，多面体という単語をネットで検索すれば，ダ・ヴィンチでも考えられずヤムニッツァーでも作図できないような豪華で緻密な多面体が数限りなく出てくるようになっている．それをまとめれば，新しい多面体百科が生まれるに違いない．

訳者一同

弦たちは幾何学に従って快い音楽を奏で，
天球たちは快い音楽に従って並ぶ．

ピタゴラス

幾何学を用いて，自分の考えの正しさを証明し絶対の
真実を明らかにすることのできる人は，誰であろうと，
世界中どこででも認められるに違いない．すべての人
を納得させることができるからである．

アルブレヒト・デューラー

わが妻ギニへ

　本書には，これまであまり世の中に出なかった珍しい図が並んでいます．このような内容の書物をまとめようとすれば，書いた者は夢がかなってある程度の心の安らぎを覚える一方，自分の趣味を他人に押し付けてしまうことにもなるものです．ですが，幸いにも，今回の仕事については，妻をはじめとする家族と友人たちの献身的な援助のおかげで，うまく出版にこぎつけることができました．支えていただいた皆様に深く感謝します．

　とくに，ハイク・ノイメイスター博士には，美術史上の非常に有益な助言をいただいたうえドイツ語の文献の翻訳を助けていただきました．女史のお力添えがなければ，本書はもっとずっと貧弱なものになっていたはずです．

　また本書の構成については，当初から企画に加わって内容を建設的に検討していただいたジョーン・マルティノウ氏，ならびに集めたばかりの生なましい資料をしっかりしたかたちにまとめていただいたレ・ウィルキンス氏とダウド・サットン氏に負うところが大きいことを付記します．

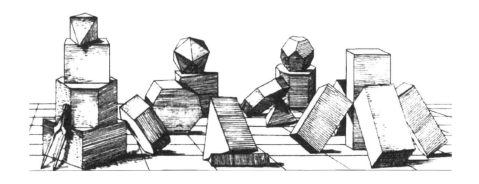

目　　次

幻想の幾何学
プロローグ …………………………………………………………………… 1
1　驚くべき発想の古代における源泉 ……………………………………… 5
　　ピタゴラスとプラトン，ならびにその後継者たち ………………… 5
　　ビザンチン文化とイスラム文化における古代ギリシャの知恵 …… 9
　　●プラトン主義 ………………………………………………………… 12
2　西方ラテン世界のルネサンス ………………………………………… 15
　　知の翻訳と伝達 ……………………………………………………… 15
　　プラトンの立体の図示 ……………………………………………… 16
　　新しい視覚：ルネサンスにおける幾何学，光学，そして透視図 … 20
　　フィレンツェにおける透視図 ……………………………………… 25
　　●2次元平面上の3次元：透視図の作図方法と作図道具 ………… 29
3　北方ルネサンスの幾何学と透視図法 ………………………………… 35
　　ラートドルトによるユークリッド『原論』 ……………………… 36
　　デューラー：画家，ヒューマニスト，そして幾何学者 ………… 37
　　近世初期の博学者たちと透視図ならびに幾何学 ………………… 41
　　ケプラー：宇宙の数学者 …………………………………………… 47
　　●ルネサンス期の印刷と出版 ……………………………………… 50
4　16世紀のドイツにおける幾何学 ……………………………………… 53
　　デューラー以後の幾何学手引き書 ………………………………… 53
　　普及者たち：ロドラー，ヒルシュフォーゲル，そしてラウテンザック … 55
　　実作者たち：ヴェンツェル・ヤムニッツァー，ヨハネス・レンカー，
　　　　　　　　ローレンツ・シュトーア，そしてある無名作家 … 58
　　後継者たち：プフィンツィンクとハルト …………………………… 66
　　●ニュルンベルク：近代初期の産業と文化の中心地 ……………… 69
5　関連分野の流行と衰退 ………………………………………………… 72
　　イタリアにおける透視図法の幾何学的研究 ……………………… 72
　　透視図とバロック：幻想の幾何学の終焉 ………………………… 75

幾何学と偉大な知性：レオナルド，デューラー，ケプラー
    レオナルド・ダ・ヴィンチ（1452-1519）·· 80
    アルブレヒト・デューラー（1471-1528）··· 80
    ヨハネス・ケプラー（1571-1630）··· 81

ヴェンツェル・ヤムニッツァー
    ヴェンツェル・ヤムニッツァー（1508-1585）·· 96

ローレンツ・シュトーア
    ローレンツ・シュトーア（1540-1620 ごろ）··· 178

ドイツのその他の幾何学的透視図作家
    ヨハネス・レンカー（1551-1585 ごろ）··· 214
    ルーカス・ブルン（1572-1628）··· 215
    無名作家（1565-1600 ごろ）··· 215
    パウル・プフィンツィンク（1554-1599）··· 216
    ピーター・ハルト（1620-1653 ごろ活躍）··· 217

イタリアとフランスにおける幾何学的透視図作家
    ダニエーレ・バルバロ（1513-1570）·· 244
    謎のマルティーノ・ダ・ウーディネ（1470-1548）······································ 244
    ロレンツォ・シリガッティ（1625 没）··· 245
    ジャン＝フランソワ・ニスロン（1613-1646）··· 245

付録
    イタリアにおける象眼細工（インタルジア）··· 267
    ドイツにおける象眼細工（インタルジア）··· 271
    マゾッキオ··· 275
    象徴的球体··· 279

ルネサンス時代の幾何学的透視図法研究書ならびに関連出版物··················· 282
参考文献·· 284
謝　　辞·· 285
訳者による補遺：日本におけるドイツの構成幾何学·· 286
訳者あとがき··· 288
事項索引／人名索引·· 289

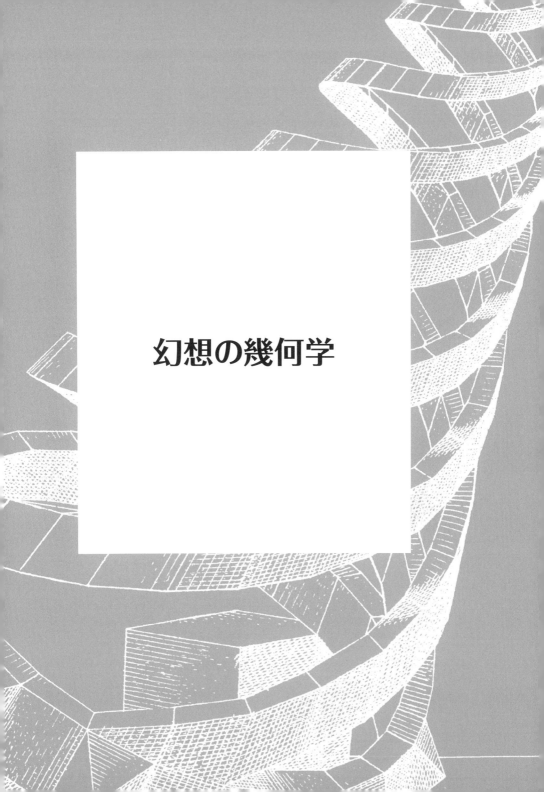

幻想の幾何学

ペンと水彩絵の具で描かれた『幾何学と透視図』に見る夢の建築の透視図．いろいろな多面体と人物が配置されているが，そのうち左下の二人は作図道具としてのコンパスと定規を持っている．ローレンツ・シュトーアの現存する最大の作品．書物の表紙のように見えるが，実際に表紙として使われたかどうかは不明．原画が豪華に彩色されているところを見ると，当時のモノクロの書物にふさわしくなく，むしろ，資金の提供者に見せることによって，もっと派手な出版企画を立ててもらうための手掛かりに使った可能性がある（62頁参照）．[掲載許可：バイエルン州立グラフィック収蔵館（ミュンヘン）．]

プロローグ

　16世紀中ごろのドイツでは，それ以前にはほとんど見られなかったにもかかわらずそれ以後はしばしば見かける風変りな多面体の図が，いくつかの書物に印刷されて出版された．本書の主な目的はその図たちの紹介にある．それぞれは不思議に現代的な雰囲気を持っていて，それを初めて見る人は驚かされるに違いない．といってもその多くは親しみやすい姿を見せているうえ，与えられている名前からも比較的簡単にかたちの骨組みを知ることができる．それにもかかわらずどこか謎めいているのである．そのような奇妙な図から浮かび上がる多面体がいつどこでどのようにして生み出されたかについては，今となっては憶測するほかはない．もともと何のために工夫されたのだろうかという謎もある．紹介する多くの図に共通する謎である．

　こうした図が収録されているほとんどの書物は，1560年代中ごろのごく短い期間に，ニュルンベルクというドイツの一都市で出版された．この特別の場所と時間で作られたということにはどんな意味があるのだろうか．しかも，印刷術を使った出版業がまだ始まったばかりの時代なのに，多くの書物は読みやすく売れやすいように実にうまく装丁されているのである．また表立った説明はないが，ほとんどの本のタイトルに「透視図」[訳注1]という言葉がほのめかされている．これはいったい何を意味しているのだろうか．

　残念ながら，こうした疑問を解こうとしても，本書で取り上げる範囲内の書物には，図の解説や作家の伝記などはあまり見当たらない．はっきり知ることのできる事実といえば，作家のうち何人かはニュルンベルクで有名な金細工師だったということぐらいである．その中でヴェンツェル・ヤムニッツァー，ローレンツ・シュトーア，ヨハネス・レンカーについては，それぞれの生誕地や生没年ならびに出版物などがいくらかはっきりしているが，それでもシュトーアとレンカーについての情報はきわめて少ない．3人とも磨き抜かれた技術を持つ美術工芸作家であり敬愛されたニュルンベルク市民だったようであるが，当時の歴史家ヴァザーリがイタリアの画家たちについて調べたような詳細な伝記は残されていない．

　そうはいえ，散見される記述から，各図を生み出したときの発想の原点のようなものをぼんやりとではあるが知ることができる．それによると，多面体の中でもとくに規則性のあるものの魅力に取りつかれたきっかけは，けっきょ

く古代ギリシャの古典にあったようである．つまり，ピタゴラスからプラトンへと受け継がれた古代の多面体幾何学に対する高い評価，思い入れ，信頼感が着想を支えたのである．

　こうした作家たちが活躍したルネサンス時代には，偉大な知的運動が渦巻き，何人かの有名人がプラトン的多面体幾何学に熱中していた．そこでは宇宙の成り立ちの基礎には数学，中でも幾何学，があるという古代ギリシャの考え方が，芸術と科学の両方の分野で再生され新しい知識も加えられて広められた．そうした運動の中心にいたのが，よく知られたピエロ・デッラ・フランチェスカ，パオロ・ウッチェッロ，レオナルド・ダ・ヴィンチ，アルブレヒト・デューラーらで，いわゆる「プラトンの」立体（正多面体）についてのさまざまな記述や作品が残された．その後，その影響を受けた多くの科学者が現れたが，中でもヨハネス・ケプラーやガリレオ・ガリレイは，それぞれの独自の科学的な研究の基礎にプラトン的な考え方を取り入れている．

　同じような考え方は，しだいに，ヨーロッパやその周辺国の芸術や科学に浸透して，ときには，かすかにわかるかどうかの状態で表面化した．つまり神がかった幾何学的な思考を重視するプラトン主義の考え方は至る所で芸術的な表現に反映され，永遠の美の象徴としての芸術作品の理論的根拠として，ビザンチン文化圏やイスラム文化圏でも永続的に影響を残してきたのである．とくに，本書で紹介する美術工芸の分野では，芸術的な内容はあいまいとなって，むしろ宗教から離れた科学的あるいは数学的な側面が目立ち，プラトン主義に見る磨き抜かれた幾何学性はほとんどそのまま保持されている．

　とはいえ，本書の主役になっているヤムニッツァーらの幾何学的な美意識やそれを支える哲学的信念についての現代における詳細な研究はほとんどない．そのため本書では，何をさておいても当時の美術工芸作家の幾何学的想像力についての背景を明確にする必要があると考え，最初の3章では，プラトン主義の概要を振り返ったあと，そのルネサンス的思考への影響力を調べる．

　こうした本書の図面たちは，もう一つの興味ある側面を見せる．前述したように，各図が掲載されている書物のほとんどに「透視図」を思い起こさせるタイトルが付けられていることである．ルネサンスの作家たちは，3次元の広がりを持つ立体を2次元の広がりを持つ平面上でうまく表現するための方法の考案に絶えず大きな関心を持っていた．その傾向は当時の芸術から科学までの広い範囲で見られるもので，便利な方法を工夫することによって現実の身の回りの様子をあるがままの姿で把握し理解しようとした．

このような流れは，さまざまな科学や芸術の進化発展に伴い 17 世紀初めまで続いた．その流れに浮かぶ乗り物が透視図だったことになる．その後，理路整然とした透視図法を踏みにじるばかりにうねるバロック様式が生まれ，それに飲み込まれて，透視図の魅力は早い段階で薄れていった．

　そうした史実を学究的に調査記録する仕事は，科学史や美術史の関係者に任せるとして，本書では，ルネサンスという時代に透視図を使って瞬間的に花開いた魅惑的な多面体に焦点を当て，その特殊な世界をのぞくことにする．

　実のところ，ルネサンスののち，ヤムニッツァーやその仲間たちの多面体作品は芸術の分野ではあまり評価されなくなった．いくらかでも注目される機会があったとしても，ドイツのマニエリズム（手工芸品的様式）の亜流としてしか見られなかった．しかし幾何学的作品には，新しい時代をリードする抽象的な美があり，その面では再評価される価値がある．また，そうした作品に見られる科学的な論理に裏打ちされた並外れた精緻さはこれからの美術工芸の世界を改革する力を持つに違いない．というのも，芸術の意味が多様化してあいまいになったり，ルネサンス時代を席巻したユークリッド幾何学が数学の主流から遠ざけられたりしても，多面体を基礎にする純粋なかたちが見せる美には，そうした変化を乗り越える力があり，それによって未来の美術工芸の創作活動が左右される可能性もある．

　多面体という幾何学形態の，こうした，時の流れを超える力を明らかにすることは，本書の隠れた目標となっている．

■訳注
1. 透視図というのは，幾何学的な理論に従った線の配置によって遠近感を出す図を指す．したがって，色彩や肌触りによって遠近を出す色遠近法や肌遠近法に対して線遠近法ともいう．この線遠近法としての透視図では，たがいに平行な線は 1 点（消点）で交わるように表される．3 組の平行線を持つ立方体でいえば，この消点（下図の○印）の数に従って 1 点，あるいは 2 点，あるいは 3 点透視図が作図される．本書で扱われるのは，ほとんどすべてそのうちもっとも簡単な 1 点透視図になっている．

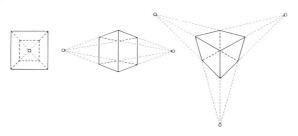

ルネサンスの多面体百科

5種類のプラトンの立体つまり正多面体．最上段は正四面体，2段目は立方体（左）と正八面体（右），3段目は正十二面体（左）と正二〇面体（右）．

1

驚くべき発想の古代における源泉

ピタゴラスとプラトン，ならびにその後継者たち

　「万物は数である」．数学が拠り所とし，またわれわれが住む世界の成り立ちを知るための鍵にもなるこの驚くべき発想の源は，ソクラテス以前の哲学者であり幾何学者でもあるピタゴラスにあると，ふつう，いわれている．

　ピタゴラスは伝説上の人物で，神話的な逸話が積み重ねられがちなこともあって，本当の姿はいくらかぼんやりしているが，ほぼ確実に実在したと思われる．伝説によると，ギリシャのサモス島で生まれ，紀元前531年ごろ南イタリアに移住して，そこでなかば宗教的な哲学団体，つまりピタゴラス学派あるいはピタゴラス教団を設立した．ピタゴラス学派の初期の信念についての詳しいことは知られていないが，音楽と数学の研究に多大の関心を払っていたことは確かなようで，これらに関する発見こそが，その後綿々と受け継がれることになるこの学派の最大の遺産となっている．

　アリストテレスによれば，ピタゴラス学派は数と比例あるいは比率こそが自然界を支配する基礎的な要素であると確信していて，そのことがもっとも顕著に現れる現象，たとえばピタゴラス音律ともいわれる音階における比，に関心の焦点を当てていたという．ピタゴラス学派は，そうした数や比例に加えて神秘性の源泉として幾何形態にも興味を持っていた．事実，数とかたちは，現実の世界とは離れたところで独自の生命を持って存在していると考えていたようであり，ある数や形が神に同一視されるような，精巧な宇宙論を造りあげた．幾何学の分野におけるそうした思索は超越的な瞑想に深く関係して，ピタゴラス学派も行っていたように，祈りの一形態になる．のちにアリストテレスは，ピタゴラス学派は数にとり憑かれすぎであると批判し，またピタゴラス学派による解釈はあまりにもわざとらしい所が多いと鋭く指摘した．つまり数秘術の信者が代々受け継いできたように，考えに合わせて事実をおしまげる傾向があった．

　宇宙論的な観点では，こうした伝統に風変わりな部分があったのは確かであ

ルネサンスの多面体百科

音階が数学的に表現されることをピタゴラス学派が発見したことを示す中世の木版画.左上の図の,鍛冶屋(かなとこ)が鉄床を叩くときの音が,1:2,2:3,3:4などといった規則正しい比をなして響く様子から始まっている.

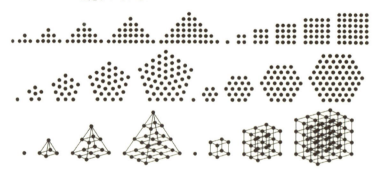

ピタゴラス学派のかたち.ピタゴラス学派は,もともと数字というものは点の集まりを示していて,その集まり方に従って各数字は独特のかたちを見せる,と考えていた.つまり,各数字は,平面的な多角形からはじまり,さらに立体的な四面体や立方体といった多面体的なパターンを見せるように大きくなっていく.

るが,そこには豊かな内容があったことも否定できない.重要なのは,西洋的思想の展開において,こうした考え方の迫力が失われなかったということである.つまりピタゴラス学派の教えの多くは,その後,プラトンによってプラトン哲学の中に取り込まれて1000年以上も影響力を持ち続けたのである.

そうした思想の流れがもっとも色濃く現れているのが,プラトンによる壮大な対話篇のうちの一つで紀元前360年に書かれた『ティマイオス』である.プラトンは,ピタゴラス学派の教えを守って,うつろい朽ちていくものとしての物質性と,純粋で不変の形態が見せる永遠性とを区別した.といっても,物質性もまた永遠性から導き出されるという(この過程についての詳細はいくらかあいまいではある).つまり物質は,究極的には,古代世界で知られていた4種類の元素,土,空気,火,水で構成されていると考えられて,それらは永遠の完全性を備えているとされた「プラトンの立体」のうちの4種類と同一視された.つまり,土は立方体,空気は正八面体,火は正四面体,水は正二〇面体とされ,残る一つのプラトンの立体としての正十二面体は宇宙全体のかたちであると考えられた.こうした理論はプラトンが受け継いだピタゴラス学派の教義と徹底的に合致していたため,やがて両者を区別するのは困難になってしまったが,いずれにしても幾何学的形態は永遠の完全性をそなえていて宇宙の神秘を解き明かすための最良の道具になる,と考えられたのである.この考え方は芸術においても科学においても大きな力と将来性を持っていた.

紀元前320年,プラトンの強い影響を受けた数学者の大アリスタイオスは

アラビア語に翻訳されたユークリッド『原論』の一部.

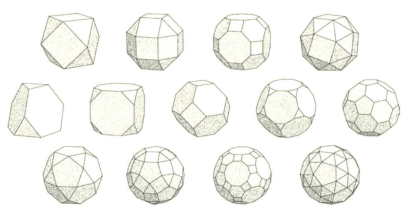

13種類のアルキメデスの立体つまり半正多面体．中央の列は5種類のプラトンの立体の頂点まわりを単純に切断つまり切頂したもの（左から，切頂四面体，切頂立方体，切頂八面体，切頂十二面体，切頂二〇面体），それ以外はもっと複雑に加工したもので，最上段は立方体あるいは正八面体の加工から得られる4種類（左から，立方八面体，菱形立方八面体，切頂立方八面体，ねじれ立方八面体），最下段は正十二面体あるいは正二〇面体の加工から得られる4種類（左から，十二・二〇面体，菱形十二・二〇面体，切頂十二・二〇面体，ねじれ十二・二〇面体）．

『五つの正多面体の比較』という本を出し，その中で正十二面体と正二〇面体が同一の球に内接するとき，正十二面体の5角形と正二〇面体の3角形は同一の円に外接することを証明した[訳注1]．ほぼ同時代のユークリッドは，この仕事に刺激を受けて，すべての平面図形と立体図形に共通する幾何学を作り上げて，史上最初の総合的かつ論理的な幾何学書であり今世紀にまで影響を及ぼすことになる『原論』にまとめた．その最後の第13巻には，18個の定理に混じって，五つの正多面体を球に内接させる方法が説明されている．後の注釈者は，この記述に着目して，多大な影響力のあるこの書は，正多面体の宇宙論的な意味を，ユークリッドが証明しようとした証拠である，と考えた．このように，『原論』がかつて書かれた本の中で最も影響力のある幾何学の教科書だったことに疑いはなく，古典世界の偉大な数学者の何人もが修正を加えたり，内容を発展させたりした．

中でも特にアルキメデス（紀元前287-212）は，正多面体の頂点回りを切り取るなどして規則性が少し劣る多面体を徹底的に調査し，13種類もの半正多面体を発見した．それらはのちにアルキメデスの立体と呼ばれている．また，円錐曲線を研究したことで知られるペルガのアポロニウス（紀元前262-

180) も正二〇面体と正十二面体の大きさの間の比例についての論文を残した．こうした研究はアレクサンドリアのヒポシクレス（紀元前 190-120）によってさらに発展させられ，後にユークリッドの『原論』の第 15 巻として知られることになった．当時の後期古典時代の数学と物理学の研究は，純粋に理論的なものより実用的な応用へ向けられがちではあったが，アレクサンドリアのヘロン（紀元前 150 ごろ）は，こうした応用とは無関係に，いろいろな多面体の大きさを測ったり比較したりしている．同じような問題は，紀元後 4 世紀ごろまでアレクサンドリアのパップスらの関心を引いていた．しかし，こうした古典世界は急速に勢いを失いつつあった．

ビザンチン文化とイスラム文化における古代ギリシャの知恵

　紀元後 5 世紀になると，古代世界を悩ませ続けていた内憂外患は危機的状況に達した．ローマ帝国は分裂して，最終的に西ローマ帝国は滅亡し，東ローマ帝国ではキリスト教を公式に受け入れた．このような重大かつ破滅的な事件にも関わらず，古代の古典的知識の保存に取り組むことを決意する勇敢な学者たちもいた．そのおかげで多くの知識が守られたが，中でもユークリッドについて忘れ去られることはありえなかった．たとえば，ローマの哲学者ボエティウス（480-524）は，ローマ帝国の衰亡に続く不安定な時代に生きながらも，生涯をささげてユークリッドとプトレマイオスを翻訳してギリシア世界からラテン世界にそれを伝えた．ボエティウスはキリスト教徒であるとともにプラトン主義者であることを自認しており，プラトンから出た伝統的な精神を保ちつつ，幾何学と音楽理論および天文学を関係づけた書物を著した．その中には正多面体に関する論文も含まれている．そうした研究は中世の西欧教会に大きな影響を与えることとなり，暗黒時代における理性的な考え方をリードしていった．

　一方，東方のキリスト教世界であったビザンチウムは，その後数世紀にわたってギリシャ文明を守る砦となった．そこでは，乱れた西方とは対照的に，古典期の科学と文学は途絶えることなく教えられ，高い水準の読み書き能力と基礎的な数学知識が守り伝えられた．ユークリッドの『原論』もプラトンの超自然的な考え方を連想させる基礎的なテキストとして広く知られ続けている．しかし，他の古典的な哲学も含め，こうした発想には，やがて，キリスト教的な枠組みが嵌め込まれるようになり，幾何学はより深く神を理解するための一方法とみなされることになった．キリスト教的新プラトン主義を継承するビザ

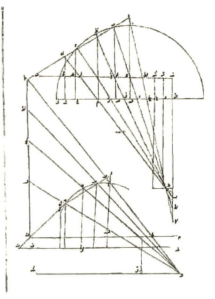

プラトン学派のアポロニウスの著作集第4巻『円錐曲線について』のアラビア語訳.

ンチウムの人々は，神性と物理的世界の関係というような事柄に，より深い関心を持ち始めたのである．この時代には古典的文献に対する技術的側面からの新しい考察はほとんど見られないものの，少なくとも古典の維持管理は行われ，その仕事に従事する「世界の図書館員」として認識されるヒューマニストを擁することでコンスタンチノープル（ビザンチウム）は名をはせた．

こうしてビザンチン帝国は1000年以上続いたものの，しばしば，ラテン人，ペルシャ人，さまざまな未開の部族といった外的脅威にさらされた．そしてついには，1453年，イスラムの強国に屈服することになる．8世紀にイスラムが圧倒的な勢力で勃興したとき，すでにビザンチン帝国はその領土の外縁の大部分を無人地帯同然に侵略されていたが，その後，侵入は急速に拡大して強硬なものとなり対抗的な文化を伴うようになった．こうしたムスリムによる初期の征服は，おおむねビザンチン帝国の中東地域で行われ，ほとんど神のお告げに次ぐほどの高い水準の文化と莫大な富をイスラムにもたらし，イスラム独特の文明世界が発展する大きな契機になった．その結果，広大な世界を支配しなくてはならなくなったときには，それに必要なさまざまな知識の資源としてギ

リシャの諸文献が頼りになったのである．

　こうして，高度な文化だけが持つ知識が差し迫って必要となったムスリムは，国家体制によって古代ギリシャの諸文献を永続的に収集し翻訳し始めることになる．その結果，学問が歓迎される雰囲気が生まれ，古典知識をスポンジで吸い取るような文化的再興が8世紀後半におこった．それによって，プラトン，アリストテレス，ガレノス，ユークリッド，プトレマイオスを含む古代ギリシャの先人の主要な医書や科学書のうち，残存していたものがアラビア語に翻訳された．この新しく生まれ自信に満ちた文化文明への膨大な知の伝達に触発されて，科学的知識に対する純粋な関心に火が付く．つまり初期こそ古代ギリシャの伝統の継承が行われたが，すぐイスラム独自の科学が出現し，古代の知識に対して的を得た批判をすると同時にイスラム独特の文化の展開が見られるようになった．

　このイスラムによる知の復興は，幾何学を含む数学，光学，医学に関する多くの重大な発展をうながし，それは遠く離れたスペインを含むイスラム世界に広く伝わっていく．その結果，こうした古代ギリシャの古典や，それを受け入れ保存し活用したビザンチウムにおける遺産は，現在の西洋科学の発展に大きく寄与することになる．

プラトン主義

　プラトン主義の基盤は，多くが残存しているプラトンの著作物にあり，またプラトンの教えを受け継ぐ多くの学派におけるプラトン自身やプラトンの後継者の教えにもある．ただし，プラトン主義が伝統的に受け継がれてきたという事実は疑いようのないものではあっても，首尾一貫したまとまったかたちでの考えが時代を越えて伝えられてきたというのではない．事実，プラトン主義（と新プラトン主義）は，時代によってむしろ違う内容を持っていたのである．

　プラトンが紀元前387年に設立したアカデメイアは第一次ミトラデス戦争（紀元前86）でローマ軍によって破壊されたが，そのときでも，アカデメイアでは，最初は懐疑論そして後にはストア主義（禁欲主義）という風にさまざまに異なる哲学が教えられていた．アカデメイアは後にアテネで再興されるが，そこでは，競合するさまざまな哲学のもっとも合理的と思われる見解を受け入れる折衷主義の様相を呈していた．その後，キリスト教徒のビザンチン帝国皇帝ユスティニアヌス治世下の529年，異教禁止令によってついに閉鎖されることとなった．これをもって「古代の終焉」と称されることとなる．このときから西ヨーロッパでルネサンスが始まるまでの900年間，プラトン主義は三つの別個の文化的伝統，つまりビザンチン帝国，イスラム世界，そして非常に限定された範囲ではあるが西ヨーロッパ世界，のそれぞれの中で生き延びることになる．

　プラトンの思想の要点は，抽象的な概念が独立して存在しているという考え方，そして現象的世界というものは永遠で完全なイデアの世界（理想的な神の世界）の微かな模倣あるいは近似でしかない，という考え方にあった．

　プラトンによると，こうしたイデアあるいはそれを表す形態は感覚によって直接知覚できるものではなく，感覚的印象で構成されている「影の世界」を離れて実質を知ることで決定されるものであり，この過程こそが宇宙の秘密を解き明かす．幾何学はこれに大いに関係するのである．プラトンは先達であるピタゴラスと同じく，幾何学的形態とくに立体の織り成す純粋で完全な関係に魅了されていて，これらの形態を宇宙の完全性と同一視するに至った．アカデメイアは門の看板にかの有名な「幾何学を知らざる者はこの門をくぐるべからず」という言葉を掲げていたし，『ティマイオス』の対話の中では，宇宙論を展開しながら，「神は常に幾何し給う」といい，また「幾何学は創造に先んじる」とうたっている．

　さらにプラトンは，『国家』の中で，「幾何学は，魂を真実に引き寄せ，また哲学す

1 驚くべき発想の古代における源泉

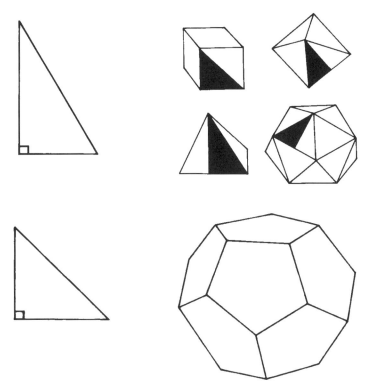

対話篇『ティマイオス』に見る宇宙の構成原理．プラトンは，空気，土，火，水の4大元素は，五つの「根本的立体」つまり正多面体の中の四つと一致するといっている．しかもこの四つは，2枚の基本的直角三角形つまり現在の2枚一組の三角定規のかたちになっている直角三角形で構成されるという．基本的な3角形では構成できない残る一つの究極の正多面体である正十二面体は宇宙そのものを表現する．

る精神を呼び起こさせる」と力説し，『ピレボス』では，師のソクラテスの口を借りて，幾何学と美の特別な関係を次のように説明している．「かたちの美について，次のことを理解して欲しい．本当の美というのは，大衆がふつういうような，生きたものやそれに似せて描いたものが見せる美ではなく，直線や円でできたもの，あるいはコンパスや三角定規を使って描いた平面図形や立体図形の見せる美であるということを．なぜなら，生物たちが周辺と比較することによって条件付きで美しいのとは異なり，定規やコンパスで描いた図や立体はそれ自身で本質的に美しいからである．」

■訳注
1. この関係を図示すると次のようになる．

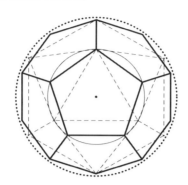

2

西方ラテン世界のルネサンス

知の翻訳と伝達

　今ではルネサンスとしてよく知られている科学と芸術の再興は，古典古代の翻訳文献によって始められ推進された．プラトンや新プラトン主義の後継者たちによる哲学書は，この知の伝達のまさに中心に位置していた．初期の中世西ヨーロッパにおいては，これらの古代の遺産は完全に忘却されたわけではなかったが，翻訳文献から得られる知識は不完全で間接的なものになりがちであった．ギリシャ語はごく限られた学者にしか理解されなかったし，ラテン語訳はほとんどなく，あっても入手が困難だった．この状況は，中世後期，ビザンチンとイスラムでまとめられた文献を見直しそれを受け入れる風潮の高まりによって大きく変わることになる．

　ギリシャ文献のアラビア語翻訳版は，キリスト教徒のスペインのトレド征服にともなって，実際は12世紀には手に入るものとなっていた．カリフ治世下のトレドは，ユダヤ教徒，キリスト教徒，イスラム教徒が共に生きる寛容さによって黄金期を築いていたが，キリスト教徒のアルフォンソ6世の手に落ちると，トレド翻訳学派を支援する文化交流の中心地としての都市の発展を模索することになった．その結果，西ヨーロッパの各地から，決意を新たにした学者が押し寄せた．イスラム文化との接点としては，シチリアがもうひとつの重要な地であり，十字軍の野蛮な行為によって，逆にイスラム世界の高度な文化に対する評価を高めることになる．実際のところ，この時期に科学や芸術の発展を刺激したのは，こうした古典を引き継ぐ際立った伝統に対する個人的関心によるものであった．こうした関心は，ギリシャ古典のアラビヤ語訳を基にした貴重なラテン語版を生み出すことになる．たとえば，13世紀，ノヴァーラのカンパヌス[*1]は，ムスリム諸国を旅して自身の知識を広げ，ユークリッドの『原論』を理にかなったラテン語版にまとめた[*2]．中世後期にもなると，失われた学術や知識の世界に対するぼんやりしたあこがれが，真正な原典を得たいという前向きの願望を生むことになり，その結果としての知の獲得は，初期

のルネサンスの地盤となっていった．さらに東方世界でのさまざまな事件によって，ルネサンスを進める大量の文献類が供給されるようになっていく．

1400年ごろからトルコのビザンチン領内への侵入が始まったが，それによる騒乱の結果，以前は知られていなかったギリシャ古典の原典がイタリアでにわかに注目を集めだした．1453年，コンスタンチノープルが最終的にトルコの手に落ちると，多くの学者が大量の文献を携えてイタリアに避難した．貴重な書物を抱えた学者たちはそこで大歓迎され，特にフィレンツェでは，そのうちの何人かは知的名士にまでなった．哲学，数学，詩，戯曲の古典を含む残存していた大量のギリシャの文献が，突然利用可能になったのである．こうした豊かな知の流入は，翻訳に対する熱狂を大いに生み出し，9世紀のバグダッドで起きた現象と同じように，思考に対する議論と普及を促した．フィレンツェは，傑出した新プラトン主義の哲学者マルシリオ・フィチーノ（1433-1499）の地元で，ルネサンスの大きな動きにおける中心地となった．フィレンツェの実質的な支配者コジモ・ド・メディチはプラトンを研究するためにプラトンにちなむアカデミーを1462年に設立した．その長に任じられたフィチーノは，ギリシャ語のプラトンの対話篇36篇全てを7年かけてラテン語に翻訳し，さらに新プラトン主義の全ての著作の翻訳と注釈を完成させている．このフィチーノの学識とルネサンスのヒューマニズムへの貢献は計り知れない．

こうしてルネサンスに関係する多くの偉大な変革が15世紀初頭にフィレンツェで始まり，フィレンツェは芸術および科学の再生と発展における最前線の都市となった．

プラトンの立体の図示

自然と芸術のどちらの探究にも数学が関係しているという古典時代の考え方は，ルネサンス期を通して影響力を持ち続ける唯一のそして最も重要な原理であろう．この考え方の潜在力の大きさは，最高級の才能に恵まれた何人かの偉大な科学者ないしは芸術家がこの原理を取り入れたことや，その人びとの多くが，実際にプラトンの立体の再検証に直接取り組んだことなどを見れば一目瞭然であろうか．これらの人びとには，レギオモンタヌス，ピエロ・デッラ・フランチェスカ，レオナルド・ダ・ヴィンチらが含まれていた．いずれも科学と芸術の領域にすぐれた才気が拡がっていく時代における正真正銘の大学者である．

レギオモンタヌス（1436-1476）は，イギリスの科学史家ジョゼフ・ニーダムによると，16世紀のエリザベス朝期の錬金術師・占星術師・数学者であったジョン・ディーと同じく，最後の魔術師の一人であり最初の科学者の一人である．

魔術師とはいうもののその数学は真剣なもので，後にコペルニクス，ケプラー，ガリレオ，ニュートンによって深められる天文学の大変革をうながした中心人物として，現在では15世紀におけるもっとも重要な天文学者であるとみなされている．幾何学と三角法の研究にも多くの重要な貢献をし，ローマ教皇シクストゥス4世のためにユリウス暦の再検討にも取り組んだ．

このレギオモンタヌスは，現在のバイエルンにあるケーニヒスベルグ*3近郊の小さな町で，粉ひき屋の息子のヨハネス・ミューラーとしてかなり貧しい環境に生まれた．卓越した才能を早くから見出されて11歳で大学に入学する．その後，パトロンの庇護下で活動する他の学者と同じように，アルプスを挟む北のドイツと南のイタリアの両方のエリアを，広く旅しながら学び，教え歩いた．若くしてイタリアを訪れてギリシャ語を学び，アポロニウスやアルキメデスをはじめとした古代の文献の翻訳と新版の出版に熱意を注ぐことになる．その後，ヴェネツィア，パドヴァ，さらにはハンガリーで教鞭をとったが，やがて，科学器具の製造や新しい印刷術の中心であるとの評判にひかれて，ニュル

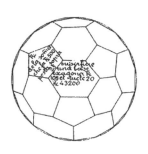

右
切頂二〇面体．
下
立方体に内接する正二〇面体の見取図（左端）と，透視図の説明図（右3図）．ピエロ・デッラ・フランチェスカの『正多面体論』より．ピエロは数学者であると同時に画家としても知られていた．

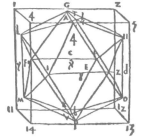   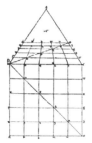

ンベルクに移住した[*4]．

　その地で，アルキメデスの著作『球と円柱について』に基づいて，幾何学の学術書をまとめたが，その中には，プラトンの立体やその他の立体についての章も含まれていて，それによって，ある一つのものが別のものに変換されるときの体系的変化について説明してみせた．この仕事は，後の幾何学者たちの手本となる．その中には弟子として史上初の地球儀を作ることになるマルティン・ベハイムやルネサンスの偉大な芸術家ピエロ・デッラ・フランチェスカも含まれていた．よく知られていることであるが，こうしたレギオモンタヌスの仕事は，かのコロンブスの大探検旅行の計画に大きな影響を与えている．しかし不幸なことに，ローマに戻る道中，疫病にかかり，1476年，この輝かしい大学者は40歳という若さで没した．

　ピエロ・デッラ・フランチェスカ（1415-1492）は，もちろん絵画によって最もよくその名が知られているが，同時に幾何学に特別強い関心を持つ数学者でもあり，その幾何学への関心は後半生において強まっていった．事実，当時の歴史家のヴァザーリは「当代きっての偉大な幾何学者」として記述しているし，ピエロ自身そのテーマで『正多面体論』（五つの正多面体についての覚え書），『算術論』（代数の応用ならびに多角形と多面体の計測について），『遠近法論』（光学と遠近法の問題の厳密な解法について）の3冊の書物を著している．いずれも生前には出版されなかったが，パトロンであるウルビノ公の図書館（フランチェスカが古典数学の研究を開始した場所でもある）に遺稿として残された．

　ピエロはアルキメデスとユークリッドの翻訳本を所有していたことでも知られている．また実作する画家として手を動かす作業に慣れていて，正多面体や半正多面体について，抽象的で数学的な内容だけでなく，具体的な立体としての扱いにも関心を示した．つまりいくつかの立体の体積を計算して比較するため，わざわざこれらの立体の模型を作って補助的に利用していたと考えられる．さらにプラトンの多面体を史上初めて透視図で描いている．こうした活躍は，フランチェスコ修道会の修道士ルカ・パチョーリとその友人のレオナルド・ダ・ヴィンチの双方に強い影響を与えたと考えられている．パチョーリとダ・ヴィンチの功績については後に触れる．

　パオロ・ウッチェッロ（1397-1475）はフィレンツェの画家であり，数学者としての評判も高いが，多面体に関する仕事はほとんど知られていない．1425年にヴェネツィアに行き，サン・マルコ大聖堂のファサードはじめ各部

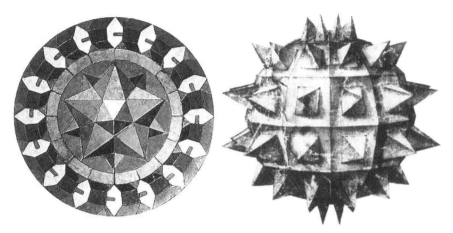

ウッチェッロの遺作．左はサン・マルコ大聖堂に残されたモザイク画の断片としての床面の小星形十二面体．右は不思議な星形の球の素描．

分にモザイク画を描いたが，不幸なことにその大半はもはや残されていない．唯一つ残る床のモザイク画には小さな星状の正十二面体（小星形十二面体）があしらわれていて，この図は後世の天文学者ヨハネス・ケプラーの仕事を連想させる（92 頁の図参照）．というのは，この多面体は，今ではケプラーの星形十二面体と呼ばれているが，ケプラーは 200 年以上前にパオロによって発見されていたものを再発見したのである．

　幾何学をテーマにした書物に入れられたウッチェッロの挿絵はいろいろ残っている．その中には，マゾッキオ（付録参照）の透視図によるスケッチや不思議な星形の球の素描も含まれていて，どちらも後の画家の作品にもしばしば登場する．いずれも多面体幾何学と遠近法の諸原理についての正しい実践的な知識を反映しているようである．

　ルカ・パチョーリ（1446-1517）はピエロ・デッラ・フランチェスカと同じ小さな町の出身で，のちにピエロに数学を学ぶ関係になった．ピエロはこの弟子をウルビノ公に紹介し，当時ヨーロッパ随一の秀麗な図書室と評されていたウルビノ公の図書室を二人で利用するようになった．やがてフランチェスコ修道会の修道士として各地を旅する学者となったパチョーリは，ヴェネツィアで，グーテンベルクの新しい印刷技術を使った数学全書『大全』を 1494 年に発行した．

　この書物はレオナルド・ダ・ヴィンチ（1452-1519）の知るところとなっ

て，レオナルドからミラノへ来るようにと誘われることになった．その誘いにしたがって，ミラノで1496年から1499年にかけての3年間の充実した年月を過ごし，その間に，『神聖比例論』を著した．この本は，プラトンの哲学，ユークリッドの幾何学，キリスト教の神学に基づいて構想された大きな宇宙論的な考え方[*5]に黄金比を関連付けるものだった．この本の協力者となったレオナルドは，40枚もの一連の多面体の骨格図および立体図からなる挿図を描いている．この『神聖比例論』は1509年にヴェネツィアで出版され，すぐに好評を博した．

それだけにレオナルドは40歳代の初期を幾何学に没頭して過ごした．『アトランティコ手稿』からもわかるように，五つの正多面体と13個の半正多面体についても熟知していた．そしてパチョーリとの共同作業を終えるころには，数学に夢中になりすぎて絵画のことを気にしないようになっていたといわれている．同時代にその様子を見ていた人は「レオナルドは，絵筆を見るとまた絵を描かなければならないのかと落ち着きを失ってしまった」と綴っている．事実，レオナルドのノートをひもとくと，10年以上をユークリッドの『原論』の詳細な研究に費やしたのち，比例の理論とやっかいな幾何学問題に没頭するようになっていたことが分かる[*6]．このようにレオナルドが幾何学に熱中していたことは確かであるが，その幾何学的知識はいくらか基本的なものに限られていたようである．しかし，パチョーリの著作に見る図は，パチョーリによって，「並はずれて正確で最高に美しい」と評された．図の正確さについては，レオナルドが多面体の実際の模型を見ながら，窓のような仮枠を通して作図する正確な透視図法を用いて描いたことはほぼ確実である[訳注1]．

こうした作業にレオナルドが没頭した理由には，パチョーリにとってと同じように，レオナルドにとっても多面体が崇高な価値を持っていたからというのが考えられる．いろいろな多面体のかたちとそれらの相互関係を理解することは，現実世界の根本原理を見抜きながら，思索をかたちにする意味を持っていたのである．そこにはピタゴラスとその追従者の，宇宙は幾何学によってのみ説明されうる，という世界観が生き続けている．

新しい視覚：ルネサンスにおける幾何学，光学，そして透視図

中世にアラビア語から翻訳された重要な文献の中に，イブン・アル・ハイサム（935-1039ごろ）が書いた7冊からなる『光学の書』がある．これは，こ

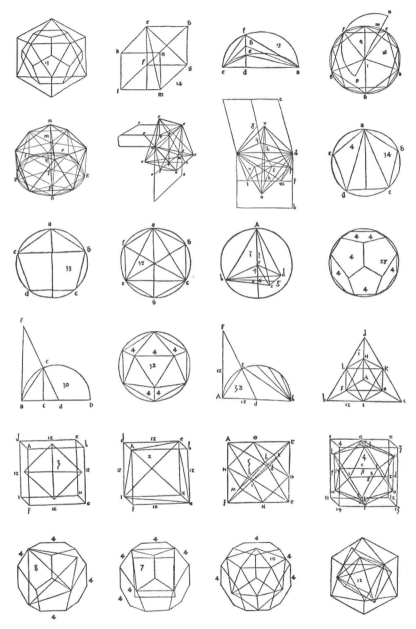

ルカ・パチョーリ『神聖比例論』のためのレオナルドによる幾何学図形の挿図抜粋[訳注2].

のテーマを扱ったイスラム世界の数多くの書の中では最も傑出したもので，おそらくはクレモナのジェラルドによって12世紀末から13世紀初めごろラテン世界に持ち込まれた．この書は光学に関する極めて精密な記述にあふれており，今なお，科学の世界におけるもっとも影響力のある書物の一つに数え上げられている．ハイサムは，幅広い学術分野における少なくとも92もの著作に名前が記されている博学者であり，光学に関する理論について，レンズや鏡を用いた屈折や反射に関する一連の実験から導いている．その厳密な研究姿勢のためのちに「近代光学の父」と呼ばれるようになった．もとはといえばプトレマイオスの研究を受け継いだに過ぎなかったが，その古代の先達を圧倒して，500年にもわたって光学分野を牽引する権威者になったことになる．

　ハイサムが採用した手法は，装置を開発しそれによって得られた結果を検証するというもので，それ自体，非常に影響力のある科学的新手法だった．こうしてハイサムの光学に関する偉大な全書は，のちに，ロジャー・ベーコン，ケプラー，ニュートン，ルネ・デカルトらによって，それぞれの理論における原典として用いられるようになった．

　ルネサンス期の科学と芸術の両方においても，光学の発展は，あらゆる場面で，中心的な役割を果たした．視覚の原理の理解を深めただけでなく，レンズや鏡やその他の装置に関する現代の技術開発につながる光の物理の分野の発展にも寄与している．その結果，中世後期までには，光学の分野は目覚ましいばかりの進展を遂げ，13世紀末にかけてフィレンツェでは眼鏡が登場し，驚く

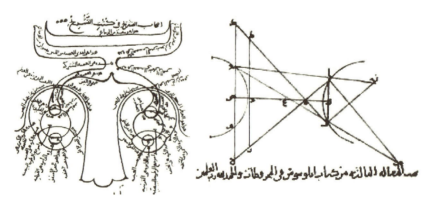

目と視円錐の図．イブン・アル・ハイサムの『光学の書』より．物体から出た光が円錐状に進み，その頂点が目に達する状況を幾何学的に説明している．透視図の基礎的な理解を目的とした図である．

2 西方ラテン世界のルネサンス

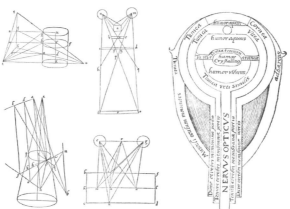

ハイサムの『光学の書』のラテン語訳は，1572年に，フリードリヒ・リズナーによる『光学事典：アルハゼニ・アラビス（ハイサムの別名）』として出版された．原文はリズナーがカイロで自宅監禁されていた1011年から1021年の間に書かれたもので，数多くの新発見が含まれ，近代光学を理解するための基礎として知られるようになった．その中で視覚に関する正しい原理が初めて解き明かされ，カメラ・オブスキュラのメカニズムも説明されている．それだけに，この書はケプラー，ホイヘンス，デカルトをはじめとした多くの近代ヨーロッパの科学者に多大な影響を与えた．

眼鏡をかける男.
『ニュルンベルク年代記』より.

べきことに15世紀には眼鏡や虫眼鏡は比較的ありふれたものになっていた*7. 近年の研究では，デューラー，ファン・アイク，ホルバイン，さらにはカラヴァッジョらを含むルネサンスの芸術家たちが，作品制作に視覚装置の補助を用いていたことが明らかになってきている. 中でもカメラ・オブスキュラの原理については，15世紀までにはかなりよく理解されていた. この装置と目の働きの類似性はハイサムの『光学の書』ですでに示されていた*8. カメラ・オブスキュラは，画家にとって興味深く役に立つ道具であっただけではなく，レオナルドも，カメラ・オブスキュラの名付け親であるケプラーも，科学的観点から相当な関心を持っていて，それぞれの光学に関する著作の中でこの装置に言及している.

このように，ルネサンス期には光学研究に特別の関心が注がれていて，それによってもたらされた科学と芸術の進展は測り知れないほど大きなものだった. 知的探求の時代における実験場の最前線に置かれていたともいえる. 16世紀の後半における絶頂期には，望遠鏡と顕微鏡の誕生をうながし，中世における想像という限界を超えて，文字通り新しいものの見方の拡大と精密化をもたらした. 例えば，ガリレオが自身の開発した新しい望遠鏡で月の表面における隠しようのない荒れた光景を発見したとき，中世において厳然と確立されていた現世世界と天上世界の区別，そしてこの区別に基づいていた宇宙論全体

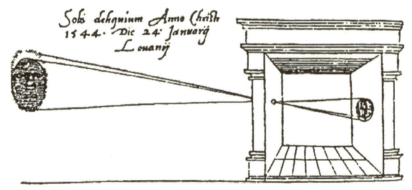

カメラ・オブスキュラ. レネルス・ゲンマ・フリシウス（1544）による. フリシウスは暗室を使って1544年の日食を研究した.

は，完全に疑われることになった*9．光学の発展は，印刷術の発明とともに，近代が出現するための要になっていたのであり，また真実を知りたいという人間心理を十分満足させるためにもきわめて重要だった．芸術分野においては，この真実の表現に向かっての知覚の段階的変化は，従来になかった写実的な表現方法を開拓しようという欲求の増大，ならびに透視図法の受け入れ，を熱狂的に促すことになった．

フィレンツェにおける透視図

　ルネサンス期を通して用いられた「パースペクティワ」というラテン語には，現代におけるよりも広い意味があった．正確にはギリシャ語の「光学」のラテン語訳であり，光の物理的側面や生理学的な視覚はもちろん，空間的な奥行きの表現に関係する諸問題に対しても用いられていたのである．これらすべての話題を取り上げているイブン・アル・ハイサムの『光学の書』は，13世紀以降，原典のラテン語版として出回っており，14世紀にはイタリア語版の『デリ・アスペクティ』として利用可能となった．アル・ハイサム（アルハゼンとしてラテン語化された）は，空間的な奥行きを認知する視覚について数えきれないほどの実験をし，西洋芸術の分野に，広範囲にわたる実験に基づく影響を及ぼすことになった．『デリ・アスペクティ』はフィレンツェの彫刻家であり建築家でもあったロレンツォ・ギベルティ（1378-1455）によって広められた．伝記によれば，ギベルティはこの書を詳細にまた長大に引用したようで，透視図法の初期の利用者のうちで最も重要な人物の一人であると長らく認識されてきている．工房を作って弟子に透視図の概念を教え，その弟子たちはさらに便利な技術を工夫したが，その中にパオロ・ウッチェッロや彫刻家のドナテッロ（1386-1455 ごろ）がいた．

　幾何学的線遠近法としての透視図（3頁の図参照）を用いて描かれたことで知られる最初の絵画は，ギベルティと同じ時代を生きたフィレンツェの建築家フィリッポ・ブルネレスキ（1377-1446）の手によるものである．ブルネレスキは，自身の建築が完成時にどのように見えるかを依頼主に示すために図面を透視図で描いて脚光を浴びた．また2枚の実験的な図も制作している．そのうちの一つは有名で，フィレンツェの洗礼堂が写っている鏡の中心にドリルで穴を開け，その穴から実際の洗礼所を見て，実物と鏡に映っている透視図を比較するような仕掛けになっていた．これらの説得力のある図とともに，ブルネレ

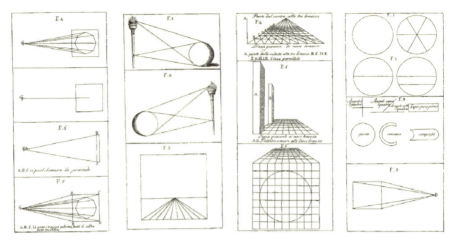

バッティスタ・アルベルティの『絵画論』(1435) に見る透視図法.

スキは透視図法の基本的な指針を決めた．つまり，視線は，描画の中の平行線が集中する点に収束するべきであるということ，また描画される図は，目からの距離が遠くなるにつれて小さくなるべきである，ということである．フィレンツェにいたほかの画家たちは，この理論をすばやく取り入れた．

　ブルネレスキが透視図法による画期的な絵画（残念ながら残存していない）を生み出したすぐあと，同僚の建築家レオン・バッティスタ・アルベルティ（1404-1472）は専門書『絵画論』を主に画家向けに著した．この書では透視図法の使い方についての新しい工夫がいくらか詳しく述べられていた．アルベルティは，パドヴァの大学において，アル・ハイサムの『光学』を研究し教えていたパルマのブラシウス（1374-1416 ごろ）の元で光学を学んでおり，そうした光学上の工夫を公開する素養を十分身につけていたのである．ただし『絵画論』の真のねらいは，それによって絵画技術を改良して，より理性的な作画基盤を築くということだけではなく，中世において画家が甘んじていた画工という職人的立場を，それよりもっと高い専門的地位に押し上げる，ということにあった．

　伝承は次つぎと受け継がれていくもので，アルベルティの影響を受けたピエロ・デッラ・フランチェスカは，その教えを自身の著作の一つ『透視図論』で，一連の図表と透視図を用いて，より詳しく説明した．あきらかにピエロは，数学的問題を理論的に解くという考え方では透視図による写実的な描写は

難しい，ということを理解していたようである．その前提のもとで，著書の中に，透視図で描いた幾何形態を挿図として入れているが，この透視図は非常に影響力があった．つまり著書ではこの方法でプラトンの多面体の図も描いていて，それ以降の透視図法応用のひとつのレパートリーとして多面体が大きな役割を果たすきっかけになった．

　ウッチェッロとピエロ・デッラ・フランチェスカは，画面に垂直な線に従って作図する平面図と立面図[訳注3]をしばしば使ったが，それらはとくに，複雑な幾何図形や建築物の図を作るとき役立った．こうした透視図と建築の平面図や立面図との間には，すでにブルネレスキも知っていたような深い関係がある．しかし，建築の空間を，透視図を用いて写実的な絵のように描写したい，という願望がルネサンス期に熱狂的に起こり，より一般的な方法を用いた正確な空間の計測が必要となった．その結果，透視図法は，測量，地図作成，それらに関係する器具といった分野の発展にも寄与することになった．

　この広範囲にわたる合理的な動きは古代の建築物に対する関心の再興にも結びついた．回廊付き建築のような中世風の外観からの離脱は，あらゆる利用可能な側面で，古代の遺産に対する前向きで熱狂的な関心を生んだのである．この関心に基づいて，ブルネレスキとドナテッロはローマにおける古代建築の徹底的な調査を請け負って，パンテオンのドームも計測した．その野心的な企て

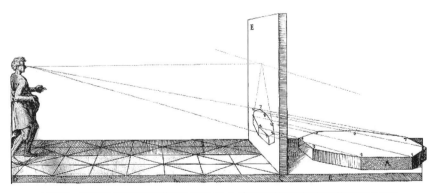

ピラミッド形の視角錐に置き換えられたアルハゼンの円錐形の視線の透視図による説明図．説明に使っている模型の図は，見取り図を使うともっと簡単に作図できるが，それを透視図で表現している．イグナツィオ・ダンティ編，ヴィニョーラの『実用的透視図法の二つの法則』(1583) より．ダンティ (1536-1586) は数学者であり天文学者でもあった．

は，回顧趣味だけではなく実用にも向けられていた．ブルネレスキは自身の最高傑作であるサンタ・マリア・デル・フィオーレ大聖堂のドームであるドゥオモも手がけることになるが，それはパンテオンのドームを参考にしながらそれよりもさらに巨大なものであった．ドナテッロの場合は，古典期の様式の徹底的調査ののち，新しい自由さと力強さを彫刻の中に持ち込み，ドゥオモと同じように大きな影響を残した．『芸術家列伝』の著者ヴァザーリは，この二人を取り上げて「二人の作品群は他の職人たちの精神を鼓舞する力を持ち，職人たちは多大な熱意を持って同じような行為に没頭した」といっている．この「行為」とは言うまでもなく古典主義の再興のことであった．

２次元平面上の３次元：透視図の作図方法と作図道具

　透視図がはじめて文章で説明されたのは，レオン・バッティスタ・アルベルティの『絵画論』(1435) においてである．この中で「絵画とは，視線のピラミッドと視点から離れた位置に置かれた画布との交差点で構成される」と述べている．ちょうど，開かれた窓からの景色を，窓にかかる「ベール」によって切り取るようなものである．これから考えて，アルベルティがアルハゼンの「私が描写したようなやり方で絵を見る者は，視線のピラミッドの断面を見ることになる」という主張について熟知していたことがはっきりわかる．これは画家が描写の道具として画布の位置に網を張った枠を置いた習慣があったことについての初めての言及である．

　アルベルティは，続けて，ある種の絵画構成法を次のように説明している．まず水平線を決めたのち，舞台のような基盤面を設定し，その上に建物や物体や人物を配置する．その場合，全てを秩序付ける碁盤目の格子によって，描画中のさまざまな要素の寸法が決められるようにする．これによって作図されるのは，もちろん，幾何学上も革新的な理論の原点になっている消点を一つだけ使う，今ではなじみ深い「1 点透視図」である（3 頁の図参照）．アルベルティにとって絵画技術の最も本質的なものが幾何学知識にあったことは，こうした『絵画論』から明瞭に理解できる．

　アルベルティの後継者であるピエロ・デッラ・フランチェスカもまた，透視図を理解するときの幾何学の重要性を強調しながら，自身の著作『透視図法』において，透視図作成用の窓を意味する「切断面」の使用について説明している（この装置はのちに 31 頁の図に見られる「アルベルティの窓」と名づけられて知られることになる）．これらの新しい装置や概念は急速に普及した．とくに水平線と消点そして遠くへ行くほど小さくなる透視図尺度の概念は，レオナルド・ダ・ヴィンチがアルベルティの透視図法に出会ったころ，つまりヴェロッキオの工房でまだ徒弟であった 1500 年代初期のころ，までにはかなり確立されていたことは間違いない．

　こうしてレオナルド自身も透視図に没頭するようになり，『絵画についての手稿』として知られる，思索とメモを記録したノートには，透視図への言及が数多く見出される．その中に「透視図法は，建物や物体を碁盤の目の窓ガラスの背後に置いて描写する方法に他ならず，その碁盤目の表面に描かれた図を透視図という」という一文もある．また，測量棒を併用して碁盤目の窓についての種々の実験を行って，透視図尺度を決めようとし，またこれらの装置を視覚の鍛錬に用いることを勧めたりしている．さらにアルベルティの提案にしたがって，適切かつ幾何学的な影の構成とともに色彩

を用いて，空間の深度の幻影効果を高めようとした．こうした絵画に対する体系的アプローチによって，レオナルドは大きさと距離についての反比例の法則を発見することになる．それによれば，対象物を窓つまり画布から2倍の距離に置くと透視図は半分の大きさになり，3倍の距離に置くと3分の1になる．

透視図法の技術はしばらくの間フィレンツェの中で使われるのみであったが，やがてイタリアのほかの主要都市にも受け入れられ，16世紀初めまでには全ヨーロッパにおいて描画を訓練するための標準的な素材の一つになった．アルブレヒト・デューラーは初めてイタリアを訪問した1494年に透視図の概念と技法に出会い，故郷のニュルンベルクに戻ったあとはいろいろな画家たちにそれを紹介した．デューラーが透視図，とくにその作成に使う碁盤目の透視図作画用窓枠，つまりアルベルティの窓，に対して絶えず関心を寄せていたことについては，この窓のさまざまな特徴を表現した数多くの作品からも明らかである．アルベルティの窓を用いた理由については，本質的にはイタリアのルネサンス画家たちと同じである．絵画芸術（とその実践者）は，正確で合理的な基礎に従ってこそ高められ，この方法をとることによってのみ，絵画は自然を学ぶ価値ある道具となり，それを拡大することによって世界の根底にある秩序を明らかにすることができるのである．

目的となる高い水準の写実的表現を得るために用いられる，アルベルティの窓，調整しながらピンと張る糸，直立して設置された位置指示棒などは，現代的観点から見れば，一見，旧式で誇大な装置に思える．しかしそれらは，この時代以前の，視覚に関する欺かれた常識に打ち勝とうとする，この時代に特徴的なある種の決意を示唆しているのである．

デューラーのあとを追う芸術家たちは，デューラーと同じように，その時代の身を焦がすような情熱に身を捧げて，写実的表現法の理論化に取り組んだ．書かれた書物の大部分は，そのための合理的なアプローチの解説に充てられていて，その多くは描写の補助手段としてさまざまな装置を用いている．その結果として，あきらかに，複雑な物体がうまく表現されるようになったといえるだろう．このことこそがこの時代の芸術家に現代的な様相をまとわせているのである．これらの芸術家は表現の明晰さを切望し，そしてそれは実際しばしば実現されたりもしたが，その表現の明晰さというものは，プラトンが心に描いた純粋性と完全に一致していたのである．

2 西方ラテン世界のルネサンス

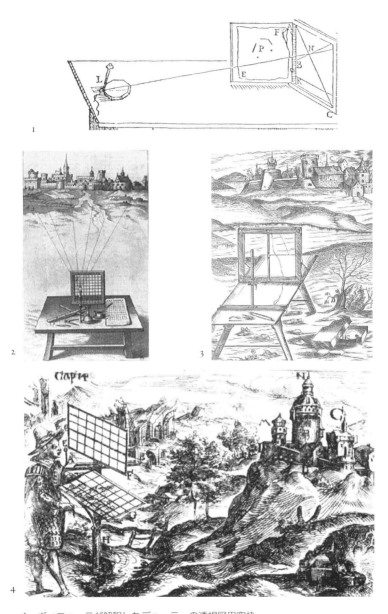

1. ヴィニョーラが解釈したデューラーの透視図用窓枠.
2. アルベルティの窓.
3. ファウルハーバーの『新しい幾何学と透視図法の発明』の詳細部分.
4. ハルシウス『第一論考』より.

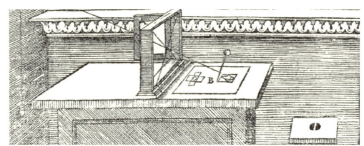

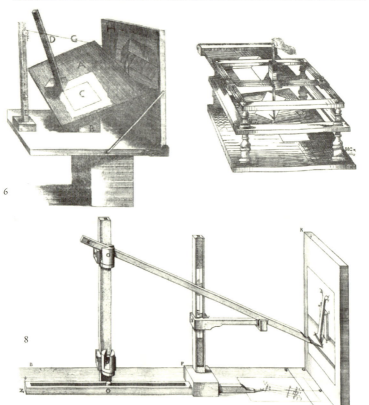

5. プフィンツィンク『幾何学と透視図法の概要』の詳細部分.
6. ピーター・ハルトによる携帯用透視図作画装置.『透視図作画装置の3種類の新しい使い方』より
7. ファウルハーバーの透視図作画装置.
8. ルーカス・ブルンの透視図作画装置. 後述するヴェンツェル・ヤムニッツァーが使った装置の典型例.

■注と文献

1. ノヴァーラのカンパヌス（1220-1296 ごろ）．数学者・天文学者．編纂した『原論』のラテン語版は，1482 年にラートドルトにより出版されて，16 世紀ごろまでの最もよく使われた版となった．月・太陽・惑星の位置を決める初期の天体器具である独自の天球儀でも知られている．
2. 『原論』のイタリア語の出版は 1543 年，ドイツ語版は 1558 年．
3. 東プロイセン（ロシアのカリーニングラード）にある同名の大都市との混同に注意．
4. レギオモンタヌスの 1471 年の友人宛書簡には次のように書いてある．「つい最近，ニュルンベルクの市内について気付いたことがあります．というのも私がこの町を終の棲家として選んだのは，機器とくにすべての科学が頼っている天文学機器の入手の便にあるだけではなく，知識ある人びとが至る所にいて，交際することでさまざまな類の大いなる心身の安らぎが得られるためでもあります．ここは商人たちの集まる場としてヨーロッパの中心とみなされているのです．」
5. 歴史家のヴァザーリが 50 数年あまりのちに書き残したことであるが，パチョーリが，ピエロ・デッラ・フランチェスカの画家で数学者としての貢献にまったく言及せず，自らの作としているとして，その剽窃行為を取り上げ，批判的に評価している．
6. レオナルドは「円をそれと同じ周長や面積の正方形に作り替える」「立方体の体積を 2 倍にする」といった作図不可能問題を解こうとして多くの時間を注ぎ込んだ．また，ピタゴラスの定理に独自の証明を与える一方で，円錐曲線や円錐の表面積について興味深い考察をしている．
7. レンズ，とくに実用のための眼鏡用レンズ，の精密化や改良については，はっきりしたことは分かっていない．少なくともアル・ハイサムは 13 世紀に翻訳された『光学の書』で，凹面レンズと拡大レンズについて言及している．
8. カメラ・オブスキュラは，小穴（ピンホール）を通して，暗い部屋の中に光を投影することで外界の像を得る装置で，古くからよく知られていた．この現象に関する科学的説明も古代からされてきていて，中でも 5 世紀の中国の墨子や紀元前 4 世紀のギリシャのアリストテレスによるものは有名である．
9. 中世にはプラトン主義とアリストテレス主義を組み合わせて，宇宙は二つの領域，つまり月の下にある不完全な現実の領域と月の外の完全な天上の領域，から成るという宇宙論が作り上げられていた．この考え方は，中世の教会においては，疑うことの許されない教義として厳格に守られた．

■訳注

1. 何人かの欧米の研究者がダ・ヴィンチの図は本当に正しいかどうかという疑問を持って調査したところ，本書の収録図（84 〜 87 頁参照）からもわかるように，木枠による星形の多面体のほとんどの図で隠れた稜線の欠如が見つかったり，ときには頂点の位置がずれていたりする誤りが見つかった．この，いわゆる「ダ・ヴィンチの神聖エラー」について，ダ・ヴィンチではなく印刷用の原板を作った職人に責任があるという意見もある．
2. 本図の中のとくに正十二面体の図には弁解できないほどの誤りがある．
3. 平面図や立面図は真昼の太陽光線による影のようなもの，それに対して透視図は夜間の豆電球による影のようなものである．

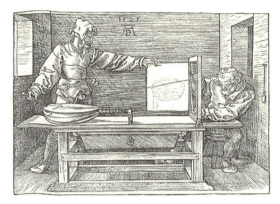

『計測法教本』(1525) に見るデューラーの挿絵 3 枚．透視図作画用窓枠に夢中になっていた様子が見られる．最上段の「リュートを描く製図工たち」では，壁に止められたピンが視点で，そこから張られた糸は視線となる．一人の製図工（左の人物）がこの糸をリュート上の望む点にあてているあいだに，もう一人の製図工（右の人物）は糸が枠を通過する位置を記録する．枠は作画盤にちょうつがいで止められている．中央は「ヤコブ・デ・ケイゼルによる新案」．最下段は「網目を使う製図工」．

3

北方ルネサンスの幾何学と透視図法

　アルプス山脈の両側，つまり南方のイタリア周辺と北方のドイツ周辺の文明化された生活は，ルネサンス期に同じように激しい文化的な変革がもたらされたにもかかわらず，主要都市は大きく違った影響を受けた．その原因の底辺には，もちろん，言語，気候，そして当時の市民社会のあり方といった国土や国家体制の違いがある．これまで見てきたように，イタリアではラテン語とギリシャ語への新たな関心が呼び起こされ，古典古代の価値を見直す風潮が起こっていた．そのイタリアのヒューマニズム的な考え方がドイツに及ぼした最も大きな影響は，プロテスタントの宗教改革という過激な改革運動をうながしたところにある．その結果，たとえば，科学や哲学における知的言語としてのラテン語は拒絶され，土着の母国語が採用されるようになった．とはいえ根本的な影響は双方向に行き来しながら伝わった．つまりドイツで発明された印刷技術はルネサンス期のイタリアにいち早く取り入れられたが[*1]，イタリアに限らずそれが取り入れられた場所であれば，どこであれ，この革新的技術による新しい考えの流布が非常に容易になったのである．

　そのような中でイタリアを訪れた北方のドイツの芸術家たちは，イタリアの文化の発展に深い感銘を受けたが，それによる刺激は，目に見える様式を変革するためではなく北方美術を活気づけるために重要だったのである．その結果，北方ルネサンスの芸術は，正確な観察，現実主義，そして自然主義を強調することによって特徴づけられるようになった．たとえば，正多面体に対する関心がドイツに広がったときには，その抽象的・理論的な側面よりもむしろ，どのように芸術に役立つのかとか，どのように物質的世界を説明できるのか，といった具体的・実務的な側面に注目が集まった．

　しかし，プラトン主義の哲学的考察やプラトンの立体の研究，さらには多方面への透視図法の浸透力は，イタリアでの場合と同じように，ドイツでも大きな影響力を発揮した．とくに南ドイツでの透視図法は，発展しつつあった測量学や地図作成，さらには天文学にも深く関係するようになった．これらの新しい分野で必要とされていた品質の高い科学的器機などを作り出すことができる

製造業が，特にニュルンベルクにおいて伝統的に盛んだったためである．このような地域で発展した印刷業と出版業は，当時の文化の激変に対して重要な役割を同じように果たした．北方ルネサンスの，卓越した科学と芸術の分野で注目されていた著名な人物の多くは，いろいろな機会を利用してこうした発展に関係することになる．

ラートドルトによるユークリッド『原論』

　1482年の，ヴェネツィアでのユークリッド『原論』の出版は，正多面体の歴史，ならびに一般的な印刷本の製作の歴史において，重要な転換点となった．ラテン語で『幾何学原論』という完全な表題が付けられたこの本の出版は，名高い印刷職人のエルハルト・ラートドルトの代表的な仕事として知られている．ラートドルトは，質の高い印刷物を新しく作る目的でヴェネツィアに移住したアウグスブルクの彫刻家の息子だった．

　15世紀後半のヴェネツィアにおける印刷業は，ドイツ人によって支配されていて，そのうち約30人は市中に住んでいた．その中で，少なくともラートドルトの印刷本に見る文字装飾は，実際上，ラートドルトが発明した特別の技術によるものになっている．1482年には，レギオモンタヌスのために，何冊かの書物の最初の頁だけを集めた『カレンダリオ』[*2]も製作している．中でも『原論』の重要性は，新しく考案した製版技術[*3]を最初に使って，約600に及ぶ数学的図版を添付したところにある（37頁の図参照）．このようにラートドルトは，字体を自らデザインし金箔を用いて印刷することができた非常に才能ある独創的な職人だった．

　ラートドルトの『原論』は，カンパヌスまたはバースのアデラードによる中世の翻訳からつくられた．両者とも翻訳した功績を主張しながらイスラム世界を旅している[*4]．どちらの翻訳文を使ったにしろ，ラートドルトの美しい印刷本は，グーテンベルクが印刷機を考案してからわずか27年後に作られたもので，すぐ評判になり社会的に大きな影響力を持った．中でも重要なことは，初期ルネサンスを受け入れた文化的環境に，幾何学的理論を持ち込んだことである．そのころヴェネツィアに滞在していたデューラーも，パチョーリの『神聖比例論』とともにこのラートドルトの作品に深く印象づけられ，その影響のもとに，幾何学に関する重要な書物を出すことになった．

3 北方ルネサンスの幾何学と透視図法

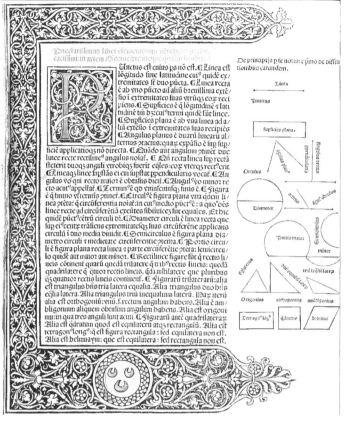

レギオモンタヌスの弟子だったエルハルト・ラートドルトは，1482年にユークリッド『原論』の最初の印刷版を制作した．このすばらしい書物は，ラートドルト自身が原版を作った数多くの数学上の図式にあふれている．

デューラー：画家，ヒューマニスト，そして幾何学者

　北方ルネサンスの最も重要で影響力のある画家アルブレヒト・デューラー（1471-1528）は，大家族の第三子としてニュルンベルクで生まれた．父は金細工師で，稼業をこの息子に継がそうと思っていたが，幼少のころから画家としての頭角をあらわしていたので，その才能を育てるため，15歳で画家ミヒャエル・ヴォルゲムートの工房に弟子入りさせた．こうして磨かれた驚異的な才能によりデューラーは20歳代半ばには画家として不動の名声を得ていた．

その中で2回,記憶に残るイタリア旅行をしている.最初は23歳のときで,ヴェネツィアに滞在した.そのとき見た絵画作品や出会った画家に非常に大きな感銘を受け,ニュルンベルクに戻るや,ヴェネツィアで学んだ透視図法と比例に関する新しいアイデアをつぎつぎと発表して,当時のヨーロッパを席巻していた具象絵画を,より正確で厳密にする動きの主導者となった.

　2回目のイタリア旅行は1506年から1507年にかけてのもので,ふたたびヴェネツィアを訪れている.ただしこのときは,絵画よりもイタリアで育った幾何学を学ぶことに熱中し,その情熱は,年齢を重ねれば重ねるほど激しくなっていった.こうして,レオナルドと同じように,ピエロ・デッラ・フランチェスカやルカ・パチョーリから影響を受けながら,幾何学の役割を強調した絵画の真剣な研究に没頭した[*5].実際には,人生のかなり早い時期に,絵に関するあらゆる側面を扱う教本を作成しようと計画していたようであるが,それはほとんど実現しなかった.それに代えて,生涯の終わりごろの1525年と1528年に,ようやく芸術家と技術者のための2冊の重要な研究書を出している.そのうち最初の『計測法教本(測定法教則)』(ニュルンベルク,1525)はとくに興味深い.

　これは充実した4章からなる野心的な図法幾何学書(図形教育書)で,約150の図版が添えられている.母国語のドイツ語で書かれたこの書物は,ユークリッドを頻繁に参照しているとはいえ,理論面の分析のためではなく実践的に使うために書かれた.つまり,点,線分,角度の定義から始まり,円錐曲線,多角形の作図,面積計算などについての実務的な内容が包括的に説明されたあと,それらが塔や柱のかたちなどを含む建築構造物へ応用されている.またおそらくはパチョーリによる『神聖比例論』からヒントを得たと思われる「正確な書体」や活字の使い方を詳述する項目も追加され,最終章には,正多面体や不規則な立体の組立て方についての適切な方法がまとめられた.

　このような幾何学と比例を基礎にするデューラーの書物では,古典的な幾何学の抽象的概念と,さまざまな具体的な工芸において長年実践されてきた伝統に基づく幾何学的知識とが結びつけられている.その目的は,絵画や工芸を,数学的知識に基づいて従来以上に精密なものにし,その結果として,作品の質を高めるところにあった.興味深いことに,こうした目的の影響力を知る例として,『計測法教本』がケプラーやガリレオの著書の中で引用された,ということがある.

　デューラーの『計測法教本』と『人体比例論四書(人体均衡論四書)』(ニュ

3 北方ルネサンスの幾何学と透視図法

デューラーの「芸術家と技術者のために」書かれた図法幾何学書である『計測法教本』(第2版)の中の平面幾何学の研究に関する典型的な頁.3次元形態と多面体の構造について扱う第4章では,正多面体と半正多面体の展開図を紹介して,それらを折り曲げていって組み立てるように読者に勧めている.

『計測法教本』に見るラテン語のアルファベットの正当なかたちの書き方.

ルンベルク，1528）は，非常に影響力があっただけでなく，商業的にも成功し，各地で翻訳され何度も再版された．実際に，これらは明らかに，もともと予定されていた画家や工芸家用をはるかに超えた魅力のある技術者向けの書物になった．その結果，実作者とは別の著述業というジャンルが確立されたのである．それだけに，デューラー没後，幾何学や透視図法についてのさらに多くの書物が，ドイツやそのほかの国で出版された．そのほとんどは，種々雑多な職に就いていた芸術家としての技術者によって著わされたもので，実際にデューラーの幾何学書を参考にしていたため，その多くに，いろいろな多面体がさまざまなかたちで紹介されることになった．

　もちろん，これらの書物の出版には商業的側面があった．新興の中産階級が，体面を保つために，ていねいに作られた書物や印刷物を買ったのである．それは，宗教改革によって引き起こされた動乱の結果として，絵画や工芸の工房が教会からの収入を奪われたため，それに代えて，画家や彫刻家や木版画家たちが印刷技術という新しい収入源で生活し始めたことを意味していた．印刷技術の高度の洗練や印刷物の生産量の驚くほどの多さは，これらの芸術家兼技術者たちが新しい環境に優れた適応性を持っていたことを証明している．たとえば，デューラーの弟子エアハルト・ショーンは，200枚以上の木版画を作り，116冊の書物のために約1,200以上の挿絵を制作したと言われている．ショーンは，きわめて多芸多産で，片面刷り大判紙の宗教の布教文から風刺的な詩まで，あらゆるものを印刷しながら，1538年に，デザインと透視図法に関する画家のための手引書を作った．次章において見ていくように，この着想を受け継いだニュルンベルクの多くのデューラーの後継者たちは，ショーンの影響力のある仕事に対して，さまざまな反応を示している．

近世初期の博学者たちと透視図ならびに幾何学

幾何学に対する関心の目覚ましい再興や、ルネサンス初期のイタリアで発展した透視図法いいかえれば光学の展開は、アルプス以北のドイツでも繰り返された。その動きの大きさは、イタリアの場合と同様に、透視図法や幾何学が当時どれほど重要視されたかを示している。ちょうど科学技術、地理的探査、天文観測などにおける輝かしい知的発展の時代で、北方ルネサンスは、さまざまな学問領域に関係するこれらの分野で大きな貢献を果たした輝かしい研究者が集まって形成されていた。しかも当時、南ドイツのいくつかの都市は、この知的成熟の偉大なる中心地域となって、ニュルンベルク、アウグスブルク、ウルム、そしてインゴルシュタットなどで

1503年にフライブルクで出版され評判になった百科事典『マルガリータ百科』の中の「幾何学の種類」より。幾何学を研究する親方の机の上には、さまざまな幾何学図形とそれを描いたり作ったりするための器具が置かれ、助手たちは親方の研究を進めるためのさまざまな作業をこなしている。

ペトルス・アピアヌスの『器械の書』。天文学と測量に関する最初に印刷された書物。その最初の口絵には、科学的に重大な図形として、二つの正多面体が象徴的に姿を見せる。

ルネサンスの多面体百科

アピアヌスの天文学に関する代表作『宇宙誌』より．魅力的な一連の大文字の飾り文字の中にさまざまな規則的な幾何学図形が組み込まれている．

は，多くの優れた学者たちが誕生し活躍していた．

著名な数学者で地理学者でもあったペトルス・アピアヌス（ピーター・ビーネヴィッツのラテン語名，1496-1552）もその一人である．アピアヌスはライプツィヒとウィーンで学んだのち，バイエルンのインゴルシュタットに住み，1527年に印刷工房を開いた．その後25年間にわたって，数学，天文学，地理学および地図製作といったさまざまなテーマについて，非常に優れた書物のシリーズを出版した．それに先立って，商売上の実務的内容についての算術書を母国語で出版して成功を収めていた[*6]．そのほかに，より豪華な宇宙誌や天文学に関する書物も出している．すなわち，『宇宙誌』，『四分儀』，そして，非常に華やかな『皇帝の天文学』で，いずれも名著の評判をとり多くの版がつくられた．また天文学と測量に関する最初の総括書『器械の書』（1533）を著わしている．この現存する書物のタイトル頁には，四分儀やその他の器械（その中のいくつかはアピアヌス自身によって考案された）を使っている人びとが描かれているが，その中で二つの正多面体，すなわち正十二面体と正二〇面体，に特別の焦点を当てている点は非常に興味深い（41頁の図参照）．こうしたプラトンの立体に対する関心は，魅力的な大文字の飾り文字が並ぶ『宇宙誌』においても示されている．

もう一人の著名な数学者ヨハン・ノイドルファー（1497-1563）は，ニュルンベルクで生まれた．アピアヌスと同じく，商業用の算術表を考案して出版した幾何学の教師だったが，高い名声を得たのは能筆家ならびに伝記作家としてであった．デューラーは「使徒」の絵に入れる文字を描いてもらうためこのノイドルファーを雇っている．また植字印刷の先駆者でもあり，ドイツ字体のフラクトゥール[訳注1]の発明でも認められていたうえ，後述するヴェンツェル・ヤムニッツァーと一つの机を挟んで向かい合って座る様子が同時代の版画に描かれている（68頁の図参照）．その版画によると，ニュルンベルク生まれの有名人であるこの二人は，共に幾何学者で，二人の前には研究のための器具が置か

3 北方ルネサンスの幾何学と透視図法

ニコラス・ヌーシャテルが描いたヨハン・ノイドルファーの有名な肖像画の詳細．ノイドルファーは若い生徒に正十二面体の性質を説明している．

れ，背後からは，ニュルンベルクの街全体が覆いかぶさる．その中に商業（そして印刷）の象徴であるカドゥケウスの杖（ヘルメスの杖．2匹のヘビがまわりを取り巻く杖）がそびえ立ち，科学と天文学を意味する天球儀が前に置かれている．また，ノイドルファーの肖像画は，ニコラス・ヌーシャテルも残していて，その絵では若い生徒に正十二面体の性質を説明している．

レヴィナス・エルシウス（1546-1606）の非凡な才能も無視できない．ヘン

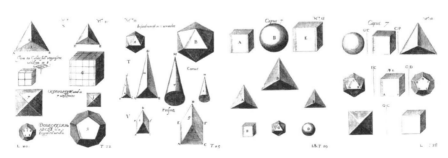

エルシウスによる『技術器械基礎論』より．立体幾何学を扱っている．

トで生まれたエルシウスは，おそらくプロテスタント信仰の結果として，1583年にニュルンベルクに移住してきた．言語学者であって，言葉を教えることによって生計を立てることができたのであるが，それでも前述した才能ある人物と共通して，幾何学器械の製造や操作にたずさわり，書物の印刷と出版にも努めた．1602年に，ティコ・ブラーエの新しい『天体器械論』の印刷版を手に入れ，この重要な書物の新版を出した．また『技術器械基礎論』（1605）を含め，幾何学的立体に関する記述を含む幾何学器機の構造について，いくつかの論文を執筆している．辞書編纂者でもあって，いくつかの辞書（仏独辞典と伊独辞典を含む）の編纂と出版を行った．また，この注目すべき人物は，アントワープの外洋船の船長から入手した情報に基づいて作った地図とともに，世界の遠く離れた場所からの航海に関する最新の報告書を出版するのにも熱心だった．

16世紀になると，あらゆる種類の科学的器械が高く評価されるようになり，しばしば収集品としての価値を持つようになった．事実，これらは，しばしば，王侯貴族に高級な贈り物として献上され，そのような献上品の多くは「美術蒐集室」と呼ばれる王侯の陳列室に収められた．この部屋の展示品の中には単なる興味本位のものもあったが，もっと重大な献上品もあった．その中で最も有名なものの一つが，ザクセン選帝侯のドレスデンの美術蒐集室に収蔵されたもので，ヨーロッパ全土でも最高の品と考えられていた．その部屋には，多くは注文生産された道具や工学器機など，科学的に興味深い広範なコレクションが収蔵されていた．

このドレスデンの美術蒐集室は一種の科学博物館の原型で，1600年ごろに，この部屋を訪れたことが知られているヨハネス・ケプラーなどの著名な来訪客を魅了した．ケプラーは，ここでカメラ・オブスキュラの実演を体験し，大きな感動を得ている．またそこで，ある十二面体の模型を見たことで，かたちの対称性について思索を巡らす書物『雪の結晶はなぜ六角形か』のアイデアを得たと言われている[訳注2]．

1620年に，この美術蒐集室の学芸員として，宮廷のきわめて有能な数学者のルーカス・ブルン（1572-1628）が任命された．ブルンは，数学の教授として，ニュルンベルクからドレスデンに行き，1613年には，ハンス・レンカーの『文字の透視図』に影響を受けた透視図法に関する書物『実用透視図』を出版した[*7]．その一方で，天文学器械の製造技術者として，光学における最新の進歩に精通していたため，美術蒐集室の学芸員の候補者として適任だったので

3 北方ルネサンスの幾何学と透視図法

ヨハン・ファウルハーバーの学識の広さを示す『新しい幾何学と透視図法の発明』の2枚の図版．上の図では，画家兼技術者が透視図作画装置を使って作業をしている．机の上には幾何学図形に関する書物が広げられ，壁からはプラトン立体のセットが吊り下げられている．左側の窓からは，弾道・測量・農業に関する科学的情景を，右側の窓からは天文学者と天球儀を見ることができる．下の図では，画家が，透視図作画装置の助けを借りて，兵士に要塞都市の計画を説明している．

ある．その部屋の持ち主のザクセン選帝侯ルドルフ2世も，自分自身でレンズと鏡を使って実験するほど，透視図や光学について個人的に興味を持っていた．こうしたルネサンス期の博学者たちのすばらしい伝統の中，1625年に，ブルンはユークリッド幾何学のドイツ語版を出した．その序文では「幾何学と比例の研究は崇高なもので，必然的に芸術を生み出す」と宣言し，美術蒐集室の後援者であるザクセン選帝侯を称賛している．これほどのすばらしい部屋の図書目録からは，デューラー，ヤムニッツァー，レンカー，ラウテンザック，そしてヒルシュフォーゲルの著作や，そのほかのさらに多くの透視図法や幾何学に関する書物が所蔵されていたことがわかる．

しかしながら，そうした時代にいくら科学的研究が進んだといっても，現代的な意味ではとても成熟していたとは言えず，またさまざまな意味において，過ぎ去った中世からの脱皮は，少しも完全ではなかった[*8]．このポスト中世と現代的思考の融合が，数学者ヨハン・ファウルハーバー（1589-1635）によって具体的に図られている．ファウルハーバーは重要な数学者で，対数の使用を率先して始め，代数に関する論文を執筆するかたわら，ケプラーと協力して働き，デカルトにも影響を与えた．とはいえ，異常というほどではないが，神秘的な数や考えに凝り，数秘術的でカバラ的なアイデアを持っていたため，しばしば，宗教的権力と衝突することになった．

ファウルハーバーは，織工の家系に生まれたが，数学に関する才能は早い段階で開花し，すでに20歳のころには自らの学校で教えていた．それだけに，当時の才能ある科学者たちの多くと同じように，非常に実践的な目的のために，自らの才能を使うことができた．絶望的な苦難に遭っていた故郷のウルムの要塞化について助言し，とくに軍事用に，測量器械を設計し製作したりしたのである（45頁の図参照）．その結果この分野で大きな名声を獲得し，ウルム近辺の要塞技術者として知られるようになった．こうした実際的な活動をする一方，自らの数学的な研究やさまざまな発明，さらには神秘的な信念をまとめる一連の書物をまとめる時間を見つけ出している．『新しい幾何学と透視図法の発明』（1610）には，ファウルハーバーが幾何学や透視図法に関心を持っていたことを示す数多くの図版が収録され，自分で透視図作画装置を考案したり多面体の模型を作ったりしたことも記されている．実際に，1枚の図には，自らの工房の壁面に吊るされたプラトンの立体のセットが見える．

ケプラー：宇宙の数学者

ヨハネス・ケプラー（1571-1630）は，穏やかな環境の南ドイツ，シュヴァーベン地方の小さな町で生まれた．数学に関する突出したすばらしく早熟な才能を持っていて，その才能は地元の学校で早ばやと開花し，カトリック神学校に入学したあと，テュービンゲン大学に進んだ．テュービンゲンでは，惑

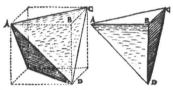

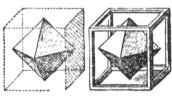

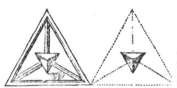

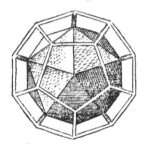

『世界の調和』（1619）に見る正多面体の相互関係．左上は立方体に内接する正四面体．右上は立方体に外接する正十二面体．下は，頂点と側面をたがいに入れかえた関係にあるたがいに双対な正多面体．ケプラーは，このような秩序の秘密は，「神の心と共存している」と考えられる幾何学において見出されると，確信していた．

星が太陽を中心にして動く極めて革新的なコペルニクスの地動説に出会い，それをすぐ受け入れた．

その後の生涯にわたる天職になったのは，惑星の物理的性質，たがいの関係性，そして太陽を回る惑星の軌道の数学的研究だった．この非常に野心的な研究のうち最初に手掛けたものは『宇宙の神秘』(1596) として出版された．20歳代中ごろに著わされたこの本の中で，コペルニクスの地動説を史上初めて公然と弁護したことは，今や有名である．つまり当時知られていた水星，金星，地球，火星，木星，土星の六つの惑星の軌道に関する幾何学的図式を地動説に基づいて提案したのである．ケプラーは生涯を通じて，形態と思考で説明される理想的な世界が身体的現実的世界の背後に存在するというプラトンの考え方の影響を受けていた．その考えは，プロテスタント神学に対する忠誠心に従って，幾何学は「神の心と永遠に共存する」という信念につながった．『宇宙の神秘』では，この神聖な幾何学の秩序を示すと確信していた宇宙像を描いている．

ケプラーによる，惑星の観測可能な軌道を説明するための幾何学的図式の最初の試みでは，正三角形から正七角形までの5個の正多角形を，惑星の軌道としての同心の6個の外接円（あるいは内接円）の中に外側からつぎつぎと押し込んでいった平面パターンが考えられていた[訳注3]．しかしこの考え方は不正確であることが分かり，再度，宇宙の根底にある幾何学の説得力のある原型を見つけるために，今度は内側から，正二〇面体，正八面体，正四面体，立方体，正十二面体の5個の正多面体が「入れ子状に配列された」立体を考え，6個ある内接球（あるいは外接球）が惑星の軌道を決めると考えた（94頁の図参照）．とはいえこれも観測値と合致するにはいたらず，この想像力のある計画は失敗に終わった．

1610年，ガリレオは木星の衛星の発見を発表したが，これはケプラーに大きな感銘を与え，それをヒントに，レンズの特性に関する研究を行って1611年に『屈折光学』を出版した．その中には2個の凸レンズを使った高度な型式の望遠鏡を作るアイデアが盛り込まれ，この完璧に成功した設計はすぐ一般的に受け入れられることになった．

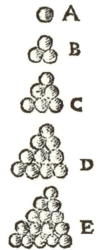

『雪の結晶はなぜ六角形か』(1611) に見る図式．ケプラーは，球の最密配置の構造を調べ，それを6角形の雪の結晶のほかさまざまな結晶の構造と関連付けた．

同じ 1611 年には，魅力的な随筆『雪の結晶はなぜ六角形か』を出している．その中の雪の結晶における六方対称性への思い入れが，自然と数学の両方における，最密充填された 2 次元の円と 3 次元の球のいろいろな並び方を考えるきっかけになったのである．このことから，ミツバチの巣の構造も，6 角形を見せながら並ぶ球の配列も，球による最も効率的な空間充填形つまり最密球配置を見せるだろうという，驚くべきことに，21 世紀まで証明を待たなければならなかった仮説が出された[訳注4]．

またケプラーは，規則的な多面体の体系的な研究を行ない分類した．それに従って，アルキメデスの立体として知られる 13 種類の半正多面体（2 種類以上の正多角形が各頂点まわりに一定の状態で集まる多面体．8 頁ならびに 93 頁の図参照）を史上初めて系統的に図示した．それとは別の 2 種類の重要な多面体である小星形十二面体と大星形十二面体（92 頁の図参照）についても記録して，これらが数学的な構成からみれば正多面体の仲間であることを説明したため，いずれもケプラーが発見したといわれることがあるが，実際にはウッチェッロ（19 頁の図参照）とヤムニッツァー（136，138 頁の図参照）によってすでに見つけられていた．ケプラーはまた，対角線の長さが白銀比 $1:\sqrt{2}$ [訳注5] となった菱形 12 枚で構成される菱形十二面体と，対角線の長さが黄金比 1：1.618 となった菱形 30 枚で構成される菱形三〇面体も発見している（92 頁の図参照）．

まさにケプラーは，近代的な真の科学者であったが，古代風のプラトンの理想的な考え方に心動かされ，宇宙は秩序を持っている，という確信を，けっして捨て去ることはなかった．そして惑星間の幾何学的・数値的な関係を研究し続けたが，その中で，観測することのできた事実に適合しているものについてさらに深く追求したのである．その結果，『世界の調和』（1619）において，現在なお有

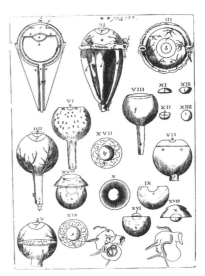

ケプラーが描いた眼の構造．ケプラーは，この図が自らの命名になるカメラ・オブスキュラと同じ構造と働きを見せることに気が付いていた．『天文学の光学部分』（1604）より．

効な，惑星の運動に関する法則を公開した．また50歳で『宇宙の神秘』に戻り，1621年に大幅な増補版を出版している．

　いずれにしてもケプラーは，「最後の魔術師，最初の科学者」と表現されるにふさわしい不思議な人物の一人だった．つまり空想的ではあったが，非常に実践的でもあった．構造化された幾何学的・調和的宇宙を主張するプラトン的概念にたえず導かれ，ほとんど取りつかれたように，その考えにのめり込んだ．その一方で，理論の数学的な確固たる基礎をコペルニクスの太陽中心説に置いて，宇宙の仕組みに関する現代的な理解への多くの扉を実際に開いたのである．

ルネサンス期の印刷と出版

　15世紀中ごろドイツで発明されて以来，印刷機とそれを使って印刷された出版物に関する各種の業務が，驚異的に大きくなっていった．統計の仕方で違いはあるが，調査結果は非常に注目に値するもので，1500年までのわずか50年間に，1000か所もの印刷所がヨーロッパ中の主要都市に生まれ，約4万冊ものいろいろな書物の版が作られて，なんと2000万冊にも及ぶ本が売り出されたことになっている．つまり何百，何千もの同じ文章を作成することのできる新しい技術の能力は，知的生活に前例のない刺激をもたらし，研究や議論をすることも非常に容易になった．文字は，もはや学者同士だけで使用されるものではなくなり，読むことができ印刷物を買うための資金を持っている限りのすべての人のものとなった．書籍や小冊子など印刷されたものは街にあふれ，場合によっては，際立った収集品になった．こうして印刷業は，全く新しい種類の職業となり，印刷所は知的交流のための新しい中心になった．

　これらの初期の印刷で扱われた話題の範囲の広がりもまた驚くべきものである．最初期の出版物は，グーテンベルクの聖書のように，宗教的主題を扱っていた．しかし，すぐ，想像できる限りのあらゆるテーマを扱った書物が出されるようになった．これらには，地図や旅行本，科学的解説書や医学的説明書，戦争や要塞に関する論文，自然や料理についての解説書，暦や楽譜，猥本さえもがあった．出版された書物は，とくに新興の商人階層の中で人気があり，出版に携わった起業家に大きな利益をもたらすことになった．こうして，ニュルンベルク，ヴェネツィア，アントワープのような都市は，出版業の著名な中心地となった．

　とはいえ，この新しい表現手段には，否定的な側面もあった．カトリックとプロテ

スタントに分裂した教会では，両派が印刷物を利用して分裂の原因を主張し合い，ときには相手を傷つけるような激烈な教義の宣伝を行った．しかし一般的にいうと，州当局や教会組織に屈服することなく自由に出版することができ，それが解放的な影響力を発揮して，自由な思考のかつてないほどの広がりをうながした．

　こうした印刷機を設置するには，しばしば利益を得る目的で，個人的なパトロンから資金が提供されていた．しかし，資金提供の必要がなければ，誰もが自分の印刷機を持つことができた．レギオモンタヌスは，1471年に，自らニュルンベルクに印刷工房を設立し，自身の科学的アイデアなどをまとめた書物を出版して，科学書に関する最初の出版者になっている．これが先例となって，ティコ・ブラーエは，ヨハネス・ケプラーと同じように自分で自分の著作を印刷し，そして，ガリレオと教会との衝突は，論争の的となった科学的発見のガリレオ自身による出版によって引き起こされた．ケプラーは，「著作を出版できる著者の数は，過去千年間のすべての著者の数よりも現在の方が多い」といっている．また，そうしたルネサンスの著者たちは，長期間にわたって堅持されてきた信念に逆らったり，それをひっくり返したりする勇気を持っていた．印刷物は，自由化と民主化を強力に推し進める影響力を持っていたのである．その例の一つとして，1543年，ニュルンベルクの印刷業者ヨハネス・ペトリウスは，すべての時代において最も革命的で影響力のある書物の一つであるコペルニクスの『天球の回転について』を制作した．この200頁ほどの書物は，最初の印刷部数だった約400部が買い取られるまで，非常に時間を要したにもかかわらず，人間の歴史全体の中で，人間の思考を最も大きく変化させた出版物の一つになることに成功したのである．

■注と文献
1. 1400年ごろから紙が利用できるようになったことが，印刷革命の第一歩であり，次の大きな一歩になったのは，1450年代のグーテンベルクによる再利用可能な印刷方法の使用だった．グーテンベルクの技術は非常に早く伝わり，1460年代にはマインツからニュルンベルク，そしてイタリアにまで広がっていった．
2. 暦や年鑑は，初期の印刷物の中で，最も人気があり役に立つものだった．とくに月の位

置と惑星の位置について正確な情報を提供したラートドルトの暦は，レギオモンタヌスの計算に基づくことで，他の暦よりもはるかに優れていた．
3. ユークリッド『原論』の中にある数多くの図版のために制作されたラートドルトの版では，石膏ブロックの中に針金を通す独創的な方法が使われていた．
4. イスラム教とキリスト教の宗教上の違いは，それぞれの影響力が及んでいた地理上の分布でははっきりしていたが，交易と戦争の両方を通じては常にあいまいで混じり合っていた．当時，科学や医学の分野においては，中世ヨーロッパのキリスト教圏よりはるかに優れていたイスラムの知識は，ピサのステファン，レオナルド・フィボナッチ，チェスターのロベルト，そしてクレモナのジェラルドなどのキリスト教圏の学者によって熱心に研究された．とくに，ジェラルドは 87 冊もの書籍をアラビア語からラテン語へ翻訳している．
5. デューラーも，14 世紀のフランスの建築家ジーン・ミノーによる「科学的知識のない芸術は空虚である」というルネサンスの本質的な特徴を要約する一言に関与している．
6. 興味深いことに，アピアヌスの算術に関する書物は，ハンス・ホルバインの有名な絵画「大使たち」のテーブルに置かれている品物の一つになっている．
7. ハンス・レンカーもまた，選帝侯の家庭教師として，ドレスデンの美術蒐集室に関与していた．
8. ルネサンスはヒューマニズムの勃興と関連しているが，その他に，この時期がヨーロッパにおける魔女の流行の絶頂期であったことも記憶に留めておく必要がある．ケプラーの母親は，この病的な社会の被害者であったが，ケプラーの精力的な努力によって，ただ一人，火刑に処されることから救い出された．

■訳注
1. 本書の原著のタイトルである「Fantastic Geometry」というアルファベットは，表紙も中表紙もすべて右図のようなフラクトゥールで書かれている．
2. ある十二面体というのは断面が 6 角形になっている菱形十二面体と思われる（92 頁の図参照）．ケプラーは，雪の結晶が 6 角形になっている理由の一つとして，この十二面体との関係を考えている．
3. 右図のようなパターンとなっていて，6 個の円上を六つの惑星が動くと考えた．
4. 実際は 1998 年にアメリカのヘイルズが証明している．
5. 白銀比を $1 : (1 + \sqrt{2})$ とする考え方もあるが，その場合は菱形十二面体と関係させにくい．

4

16 世紀のドイツにおける幾何学

デューラー以後の幾何学手引き書

　再版を重ねたデューラーの書物の成功[*1]に見習って，他の画家たちも，自ら「芸術家のための手引き書」を制作し始めた．といっても，新しく生まれた印刷術にふさわしい文体や主題を設定したデューラーの仕事に比べて，それを見習って作られた他の人びとの書物には，それぞれ独特の興味深い点はあるにしろ，純粋に教科書的で，独創性の点では全く野心的でも包括的でもなかった．反対にデューラーの書物には，平面幾何学，多面体，人体の比例，建築様式，印刷術，そしてもちろん透視図法の原理に関する項目が含まれていた．追随者たちは，その項目のうち一つあるいは二つだけを採り上げる傾向があったのである．それらを扱う手法にもいろいろあるが，追随者たちの書物はすべて教育用説明書として作られ，その多くには幾何学に関する同じように基本的な解説が含まれていたに過ぎなかった．実際には，さまざまな異なる説明方法があり，また著者自身の独特の技能や創造力を明示するためのもっと興味惹かれる解説の仕方もあったのにである．

　デューラーを追随したこうした芸術家兼作家たちについての生涯は，ほとんど知られていない．その多くは，ニュルンベルクで生まれ育った親方か，あるいは少なくともニュルンベルクに住むようになった画家や工芸作家のようであり，そのほとんどは，何らかの工芸品を製作する能力を持っていた．たとえばヤムニッツァー，ラウテンザック，レンカーたちは，デューラーの父親と同じく，金細工師であり，またヒルシュフォーゲルはガラス絵師，シュトーアは大工の親方であった．そうした画家や工芸作家たちの書物は，ほとんど，絵の幾何学的な側面に焦点を当てようとしている．ただし，幾何学を，透視図法を含む学術的で理論的な側面から，古めかしく手工芸的に応用する傾向があった．それらがすべて地元のドイツ語で書かれたのである．

　一般に，これらの出版物の背景には，当時の書物や版画の人気と商業的成功があった．この隆々たるマーケットの中での売り上げ合戦は，図版についての

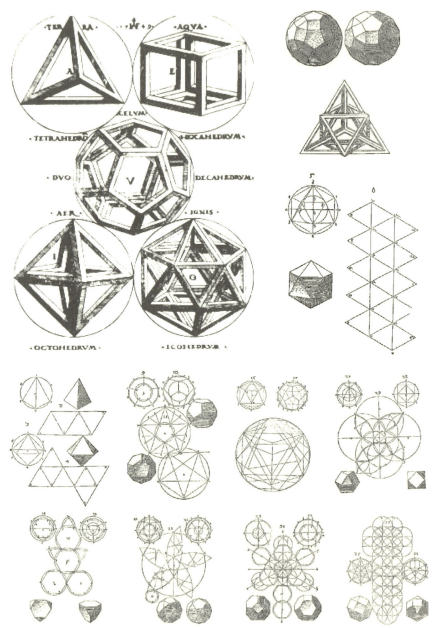

アウグスティン・ヒルシュフォーゲルの『幾何学における新しく完璧な手引書』におけるタイトル頁と図表.

4　16世紀のドイツにおける幾何学

1568年に出版されたヨースト・アンマンの『職能の書』より．ハンス・ザックスの韻文が添付された114枚の木版画には，印刷工房のさまざまな工程が描かれている．

とくに高いレベルの精度と鮮明さを実現することによって，生産基準を向上させた．実際に，印刷革命は，絵画作品そのものに大きな影響を与えていて，多くの画家が，原版の彫刻技術や木版画を通じて国際的な知名度を得ている．中でもデューラーは，印刷を芸術の域に高める動きの最前線にいた．40歳代に，版画制作に専念することを決め，自分自身と作品の好評を確実にした華麗な連作を作り出して，その結果としてかなり裕福になったのである．幾何学の役割は総合的な芸術に科学的で理論的な基礎を与えることにある，というデューラーの先入観もまた影響力を持っていた．

その影響の大きな結果として，16世紀初頭のドイツで，ある種の幾何学（訳者補遺参照）が流行した．ルネサンスを新しく合理化しようとする風潮に合う幾何学である．事実，現実の世界を適切に計測し，正確に表現するという考え方が各地で受け入れられて，この時期には，天文学，測量学，地図作成，光学レンズの製造，あらゆる種類の科学器械の製造など，さまざまな分野で大きな進歩が見られた．この広範な動きの中で，科学，美術，工芸が相互に関係し合い，それに従事するということは，たとえ幾何学や透視図法に関するたくさんの入手可能な論文のうちの一つだけ手に入れるにしろ，世界の隠された構造を明らかにしようとする新たな探求の精神と結びつくことを意味していた．これぞ，科学が見せる新しい魔法である．

普及者たち：ロドラー，ヒルシュフォーゲル，そしてラウテンザック

デューラーに続こうとする芸術家兼作家の中には，一時期デューラーの教え

ヒエロニムス・ロドラーの『計測法小教本』(1531)に見る透視図.

子だったヒエロニムス・ロドラーがいて，デューラーが世を去った3年後の1531年，デューラーの考えをより分かりやすくする目的で小冊子を作っている．つまりこの期間に，絵画における透視図法の利用方法に焦点を当てる仕事をしていて，収められている木版画には，デューラーの理論を説明するための仕事場の内観と外観の簡単な図が示された．ところがデューラーとは違って，平面幾何学や立体幾何学に関する図はなく，正多面体といった規則的な図形も全く見られない．デューラーの洗練された研究姿勢とは大きく異なり，概してロドラーの著作には素朴な単純さが見られるようである．

それとは対照的に，アウグスティン・ヒルシュフォーゲル (1503-1553) は，『幾何学における新しく完璧な手引書』(ニュルンベルク，1543) という題名の，主として多面体に関係する非常に堅実な本を出した．そこでは，いろいろな視点を持つ透視図と一緒に，多くの立体図形の作図が示されていて，その点ではデューラーの著作の改良版といえる．それだけにヒルシュフォーゲルは，正多面体つまりプラトンの立体はもちろんのこと，半正多面体つまりアルキメデスの立体に関しても研究を行っていた．そのような知識を持って書かれた上記の本は，工芸や建築業に従事するすべての人びとにとって実用的な手助けになることを意図して，非常に手ぎわよくまとめられている．

ヒルシュフォーゲルは，ニュルンベルクでガラス絵師の家系に生まれ，数学者，地図製作者だけでなく著名な版画家になった．その生涯は，当時の芸術

4 16世紀のドイツにおける幾何学

ヨースト・アンマンによる透視図作画装置を用いるヴェンツェル・ヤムニッツァーの肖像画.

的・社会的な動きの縮図を見せる．ニュルンベルクが，プロテスタント改革を採用したとき，ステンドグラスの需要は終わりを告げ，必然的にヒルシュフォーゲルの工房は，他の分野の仕事で利益を得なければならなくなった．それで最初は，持ち前の優れた能力を地図製作に用いて，ウィーンの宮廷のためにオーストリアの地図を制作した．さらに，透視図法と自分で考案した三角測量法を使って描いた都市計画を含む「ウィーン都市図」によって知られるようになった．こうした都市の表現に使った数学や正確な測量，ならびに透視図法について見ると，ヒルシュフォーゲルは，デューラーに直接さかのぼることのできる伝統の継承者の一人といえる．デューラーは『計測法教本』で，このような目的のためにこそ科学的器機の使用を勧めている．

『透視図法と比例におけるコンパスと直定規の利用教本』（アウグスブルク，1564）を出したハインリッヒ・ラウテンザックは，より厳格な表記法を考えて透視図法の研究を続けた．その教本は，デューラーによって想定された計画に従っていて，図法幾何学の初歩，正多面体と半正多面体の作図方法，透視図法の理論，人体や馬の比例体系を扱っている．20 年前のロドラーやヒルシュフォーゲルの書物のように，これにはそれなりの価値があり，厳密に作られて

いるが，明らかに画家や職人のための教本となるためだけのような内容になっているため多少退屈である．しかし，出された一連の書物には，幾何学的な透視図法の作成基準を想像力豊かな方法を使ってまとめようとした形跡がある．

実作者たち：ヴェンツェル・ヤムニッツァー，ヨハネス・レンカー，ローレンツ・シュトーア，そしてある無名作家

　この芸術家兼作家のグループにたどり着いたことで，ようやく，本書が最も重視している16世紀中ごろのつかの間の具体的な創作活動の様子を紹介できることになる．

　このグループのそれぞれは，お互いの人柄のこと，あるいは少なくともお互いの作品のことをよく知っていたようである．またいずれも，少し前に出たごくふつうの幾何学的透視図法の書物を知っていたと思われる．しかし，それぞれの作品に見られる芸術的想像力は同じものではない．しかもそれぞれの独創的な作品の参考書となっている限りの古い教本には何ら目新しい点はなく，またそれぞれの考え方は一定の影響力を持っていたとしても，それに従って作られた作品に，興味深いものはほとんどなかった．

　こうして短期間に開花して散った創作力は，あるかなきかの芸術的付き合いから生まれている．つまり，出版された書物の表面的な目的は，教科書的に幾何学と透視図法の原理を教えることだったにもかかわらず，その目的を実際に果たそうとはせず，その代わりに，すでに先人によって作られていた作品よりもはるかに想像力豊かな作品を見せて，それを完成した透視図の「証拠」見本とすることに頼っていた．つまり芸術的観点から言うと，このグループは透視図の分野で遊んでいる，という解釈を避けることは困難である．それでも，それぞれが出した書物は，先達によって生み出された伝統の大きな力のおかげで，たしかに，評判になった．そしてそれらは翻訳され，再版され，そしてヤムニッツァーの場合は，海賊版が繰り返し作られた．

　ヴェンツェル・ヤムニッツァー（1508-1585）は，このグループの先駆者であると自ら認められている．ヤムニッツァーの仕事は確からしさがあり形式化されていて，グループの中では，当時，最もよく知られていた．といっても詳しい経歴はかなり限定された範囲しかわかっていない．もともとウィーンからニュルンベルクにやって来て，1534年に市民権を得た．1568年に自らの関心事を『正多面体の透視図』に書いたときには，金細工師として長年働き成功を

収めていた．事実，同時代の一流の金細工師であり，率いる工房は，4人のハプスブルクの皇帝用のほか，いくつかのヨーロッパの宮廷のための貴重品を作っていた．やがて"ドイツのチェッリーニ"として知られるようになって，ニュルンベルクの造幣局長の地位を得，市中で非常に有名な人物となった．科学上の問題にも興味を持ち，科学的器機をつくってそれに関する知識を書物にまとめている．その中で『正多面体の透視図』は異質の内容を持っていた．つまり，元から持っていた工芸技術と科学に関する知識の両方を反映していたが，本質的には，純粋に幾何学的で幻想的な書物だったのである．

この本におけるヤムニッツァーの心の中を推測するのはおもしろい．つまり正多面体を元素と考える象徴主義によるプラトンの概念を完全に理解していたうえ，疑いもなくユークリッド『原論』の第13巻とプラトンの『ティマイオス』を頭に置いていた．その上，物理的世界と調和する自らの宇宙論的考えを持っていたかも知れない．ヤムニッツァーは序文を完成することが決してなかったので，考えられる限りで推測すると，『正多面体の透視図』の図式では，五つの正多面体を五つのギリシャ語の母音に対応させるような，何かしらの"隠喩的アルファベット"を決め，そのアルファベットの24文字に対応するように，正多面体の変形を24種類考えたようである．ヤムニッツァーが「今まで決して使われていない方法」と主張するこの方法は，「あらゆる余分なものを避け，古い教育法とは対照的に，線や点を不必要に描くことはしない」ことの結果として生まれたのであろう．その考え方は，現実の世界をかたち作るプラトンによる五つの正多面体の概念に明確に共鳴している．しかし，ヤムニッツァーの場合，その世界の創造を暗示するため，さまざまなかたちや大きさを持った多面体の無限の創成を想定していたかも知れない，という特異な説明もできる．

ヤムニッツァーの書物の最後には，正多面体についての20種類の「枠組化された」変化形，12種類の球形の変化形，8種類の魅惑的な円錐の変化形がその順にまとめられ，そのあと，4種類のドーナツ形のマゾッキオ（付録参照）が，いろいろな多面体が散らばる中に嵌め込まれながら出てくる．これらの図が，書物の構想とどのように合うのかは説明されていないが，ここには，ヤムニッツァーの驚異的な想像力が単純に吐露されていると考えることもできる．

『正多面体の透視図』の版木は，ヤムニッツァーと長い付き合いがあって，信じられないほどの豊かな才能を持つ彫刻家ヨースト・アンマンによって彫られた．アンマンは，1560年にチューリッヒからニュルンベルクに来て，ヤム

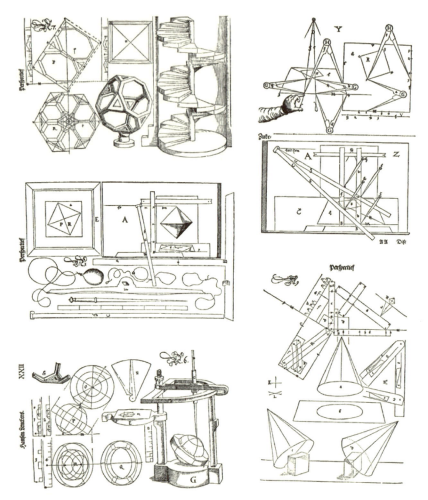

透視図の例や透視図作画装置さらには測量器機を含む透視図に関する説明図.
1571年のヨハネス・レンカーの『透視図法』より. ジェームズ・エルキンズに
よれば「透視図法に関するレンカーの錯綜した理解」のすべてを示している.

ニッツァーの工房で修行している. 独自の能力で著名な木版画師になるために
努力し, 50冊以上の書物で, その功績が認められている. イニシャルが『正
多面体の透視図』の木版の11か所に見られるほどである. おもしろいことに,
アンマンは, ヤムニッツァーの著作の版木を制作していたのと同時期に, 当時
の工芸品や職業を幅広く調査して, 106以上の版画を収録した『職能の書』

（ニュルンベルク，1568）を書いていて，『正多面体の透視図』と同じ年に出版している．アンマンの驚異的な仕事量については，4 年間にわたって発表した量が干し草用荷馬車を満たすほどだったという，弟子の一人による記録からもうかがわれる．

　ヨハネス・レンカー（1523-1585）は，ヤムニッツァーとほぼ同時代の人で，多くの点でヤムニッツァーに似た生涯を過ごしたようである．たとえば非常に有名な金細工師で，ニュルンベルクの名高い市民であり，ヤムニッツァーのように，市民生活の中でも重要な役割を果たしていた．また著書『文字の透視図』（1567）（225 〜 227 頁参照）を作成するとき使用したものを含め，計測器や描画器の仕組みに夢中になっていたことも知られている．残念なことに，これらのあまり重要ではない事実以外は，ほとんど知られていない．

　『文字の透視図』は，ヤムニッツァーの書物と同じくらい奇妙で特異体質的な「指導教本」で，おもに，すべてのアルファベット文字が 3 次元空間内のさまざまな位置で絡み合わせられながら透視図で描かれている．また，幾何学と透視図法に関する著書の中での文字は，おおむねパチョーリの『神聖比例論』とデューラーの『計測法教本』の両方に準じた字体になっている．ただし，それは目で見て分かるだけであって，実際にどうなっているかは，もっと詳しい調査なしではわからない．『文字の透視図』の序文では，「それぞれのかたちを平面上に描けばどんな姿になるかを知りたければ，各部の寸法の比例が正しく表現できるような規則に従うべきである」といっているが，ヤムニッツァーによる幾何学的な工夫の説明からもわかるように，ここには幾何学をまじめに教えるのと同時に芸術的な余興を楽しむような趣がある．

　レンカーは，装飾されたオウムガイの殻を見せる建築的かつ多面体的な形態のすばらしく想像力豊かな図を加えて『文字の透視図』を完成させた．この書はヤムニッツァーの『正多面体の透視図』（1568）が出るまさに前の年の 1567 年に出版されたが，いくつかの図はヤムニッツァーのものによく似ている．つまり，レンカーの書物の意図が何であろうと，またこれらの幾何学を基礎とする一連の図の制作にたずさわる作家たちの心の中に何が浮かんでいたにしろ，たとえみんなが同じ一つの学派に属していなくても，形式や図的アイデアの間に歴然たる共通性があることは明らかである．

　数年後の 1571 年に，レンカーは，単に『透視図法』というタイトルを付けた新しい書物を作り，透視図の描き方について従来よりも詳しく説明した．この中では，透視図の，哲学的に見た場合の「高尚で，美しく精緻な芸術」とし

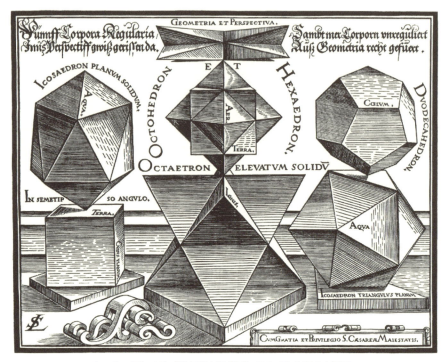

シュトーアによる『幾何学と透視図』のタイトル頁の木版画.

ての理論面と，自らが実践してきた実際的で具体的な応用面とを区別して，レンカーが，正しい比例の表現だけに関心を持っていたことをはっきりと示している．また，この書物には，当時の測量や作図で使用された計測機器のかなり包括的な調査結果を思わせる興味深い一連の図版が載っている．

　ニュルンベルクにおける著名な3人目の芸術家は，レンカーならびにヤムニッツァーと同じ年に登場し，幾何学的透視図法の書物を出版したローレンツ・シュトーアである．しかしながら，シュトーアの『幾何学と透視図』は，非常に薄くて文章も全くなく11枚の図版だけで構成されていることから，どう見ても，指導教本とみなすことはできない[*2]．とはいえ一連の幾何学的立体を配置した非常に興味深い作品がある（185頁参照）．半分壊れかけたような不格好な建物がそびえる中にいくつかの正多面体がバランスを取りながら積まれ，ところどころでは，これらの幾何学図形や建築物は，蔓植物のような渦巻で飾られた奇抜な格子模様の垣で囲まれている[*3]．シュトーアはタイトル頁で，

これらの図が象眼細工（付録参照）のための下図として役立つかもしれないことを暗にほのめかしているが，こうした特殊な図柄が，そのように使われた例はない．むしろ，人物や動物を別として，憂鬱で，黙示録で予言された世界の終末のあとの雰囲気を伝えている．つまり，立体図形の持つ「永遠性」が，崩壊し放棄された都市風景によって強調されている．見方によっては，疫病による壊滅的な影響と，さらなる恐怖の襲来を予感しているとも考えられる．ニュルンベルクとアウグスブルクは，16世紀を通して，ペストのたび重なる流行に苦しんでいた．その悲劇は，この書物が出版される3〜4年前の1563年にも起こっていた．それだけに，この書物に見る図版には呪われた印象がある．とはいえ，ルネサンス時代には，古代遺跡の復興への関心が高まって，それらは調査され，測量されて，いろいろな透視図法に関する書物でも紹介されるようになった．その意味では，シュトーアによるこうした光景への関心は，特別なものではないのである[*4]．

さらに，シュトーアは，一連の幾何学図形に関する2冊の素晴らしいフォリオ（A3ぐらいの用紙を二つ折りにした大型の本）を作成した．これらには当時印刷不可能だった色彩が施されているところを見ると，出版することは考えていなかったと思われる．そのうち1冊には33枚の図版が[*5]，もう1冊には336枚の図版が含まれている[*6]．これらの繊細な水彩画は，明らかに愛がなければできないと思われる仕上がりを見せる．後者に収められている図版のいくつかには，1562年からその世紀の末までの30年間に制作されたことを示す日付が付けられているが，1冊にまとめられたのは1600年ごろで，工夫に富んだ幾何学的形態の並外れて美しいコレクションとなり，洗練された幾何学尊重主義をいつまでも守るという熱意を顕著に見せる．

間違いなく，このグループに属する無名の芸術家がもう一人いる（230〜235頁参照）．一度も出版されたことのないこの人物による図は，ヤムニッツァー，レンカー，そしてシュトーアによる幾何学的な図に非常によく似ている．といっても，上記3人の生涯については，ごく一部であるが，少しは情報があるのとは逆に，この最後の芸術家については，全く何も知られていない．その図がまとめられている無名のフォリオには，1565年から1600年の日付があり，明らかにヤムニッツァーとレンカーの両方を思わせる雰囲気を見せるが，各図には，独自の，より柔らかい雰囲気がある[*7]．図は全部で36枚あり，正多面体から始まって，その変形が続いたあと，「枠組化された多面体」といくつかの珍奇な建築物風図形で終わる．その作品群に共通する一つの特徴

は，幾何学図形のかたわらに小さな生き物が添えられていることである．

これらの図の目的は，もしあるとしても，原作者の経歴についてと同じくらいあいまいであるが，おそらくヤムニッツァーや他の人たちのグループに続く透視図と幾何学の研究の伝統を守ろうとしているのであろう．とはいえ，教育に役立てようとする姿勢については，ヤムニッツァーらのグループの作品よりも納得がいくように思われる．

こうした図のうちの2枚には見出しがあり，出版しようとした書物のためのタイトル頁として用意された形跡がある．ただし図のほとんどは，シュトーアのフォリオを参考にして描かれているように思われる．つまり幾何学図形の永遠不滅的な魅力に引かれてそれらの研究および作図を真剣に遂行している．そこにはシュトーアの「廃墟」のように，象眼細工の下図として役立つかもしれないという希望があったのかもしれないが，もしそうなら，シュトーアの仕事以上には成功はしなかっただろう．

このように見てくると，幾何学的芸術とそれを生み出した芸術家のグループのこの短い期間の興隆には，つねに不明瞭さが付いてまわる．まず何といっても，すでに見てきたように，画家たち自身の生涯があいまいである．それに加えて，明らかに誰も，自分の仕事について大っぴらには宣伝しなかった．そして，これらの消極性をさらに倍加させてしまうのは，当時ならびにその直後に画家たちの故郷を襲った戦争や疫病による混乱の中で，多くの情報や物的証拠が失われてしまった可能性が高いことである．

ヤムニッツァーとシュトーアの影響を強く受けた無名の芸術家によるおもしろい積層図形．

残念なことに，われわれはヤムニッツァーとレンカーの二人ともが，1585年にニュルンベルクを襲ったペストという悪疫の犠牲者であったことを知っている．事実，この悪疫は，1437年から1450年にかけて大規模に流行して以来，ニュルンベルクを繰り返し襲っている．このように当時のドイツの社会的背景には，戦争，宗教的混乱，疫病の度重なる発生があった[*8]．これらの歓迎されない背景によって生み出されてしまう平穏な人生の荒廃と破壊を想像することは，今日のわれわれにとっては困難なことであるが，その副作用の一つは，貿易と旅行の断続的な中断であったに違いない．

　そのような中断は，芸術家や技術者の暮らしに多大な脅威をもたらしたかもしれないが，その一方で，芸術家たちにとっては仕事の時間を作ることができたという，不幸中の幸いもあった可能性がある．そのことは，これまで紹介してきた図の中の少なくともいくつかを制作する要因となっている可能性がある．同じように強制的な隔離と一時的な追放の条件下で芸術的創造活動が活発

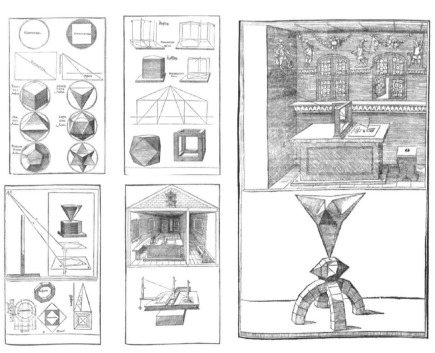

パウル・プフィンツィンクの『幾何学と透視図法の概要』の図版．透視図を作成するために使用される技術的装置に特色がある．

ピーター・ハルトの『透視図の技法』のタイトル頁の詳細．五つの母音で五つの正多面体つまりプラトンの立体を識別している．

になった先例はいくつかある．たとえばボッカッチョの『デカメロン』は，ボッカッチョと友人たちがフィレンツェ郊外のヴィラで，疫病からの避難場所を探している最中に書かれた．そして，デューラーによる最初のイタリア旅行は，1498年に，ニュルンベルクを襲った疫病から避難するという同じような理由で行われたのである．

後継者たち：プフィンツィンクとハルト

短期間で終わったニュルンベルクでの透視図の活躍を生み出した特殊な状況が何であれ，それは芸術に上記のような大きな影響を与えた．しかし，16世紀末までは，幾何学的な発明をする流行がそのまま大手を振ってまかり通っていたように思える．この時代以後，透視図法の本には，依然としてその理論を証明するための幾何学図形が含まれていた．しかし，総じてあまり冒険的ではない．この点では，プフィンツィンクの書物『幾何学と透視図法の概要』は典型的である．

1554年にニュルンベルクの貴族の家系に生まれたパウル・プフィンツィン

4 16世紀のドイツにおける幾何学

石工のピーター・ハルトによる独創的作図.『透視図の技法』(アウグスブルク,1625)より.

クは,地図製作者で,その分野の第一人者としてよく知られていた.印刷工房を持ち,1583年ごろから,非常に高く評価されたニュルンベルクの地図シリーズの制作を始めて,1598年には自らの著書を『友人のために』という限定版として出版した.その内容は,前述した4人の画家のものよりも明らかに教育的で,透視図作画装置と一緒に,正多面体の幾何学に言及し,一連の風変りな幾何学的な構成を作り上げるようになっている.全体的な構成にはいくらかちぐはぐな部分があるとはいえ,プフィンツィンクの死後,1616年にそ

ニュルンベルクを背景にして，ヴェンツェル・ヤムニッツァーと数学者のヨハン・ノイドルファーが机を挟んで向かい合っている版画．どちらも名高い市民で，それぞれが異なる方法で幾何学図形に関わっている．古典学者であるノイドルファーは，学問的研究に余念がないが，それに反して，実践的な熟練技術者であるヤムニッツァーは，自らが発明した透視図作画装置を使用して，幾何学的な芸術の可能性を模索している．

の書物が再出版されるほど価値ある書物であった．

　その後，少なくともドイツの作家たちの間では，きまぐれな「透視図法のための」幾何学の伝統は，ほとんど終焉したように思える．しかし，この伝統には最後の，興味深い冒険がある．1625年，石工のピーター・ハルトは，表面上は石工，大工，木工職人といった職人を対象として『透視図の技法』（アウグスブルク）を出した．収録されている図面は，個人的な知人だったと思われるローレンツ・シュトーアの影響を強く受けている．そのほかの著作の多くは，幾何学図形の作図と関連していて，2次元平面上にも3次元空間内にも拡張されるようになっている．ハルトは，自身の作図を補助するための「透視図作画装置」，すなわち，ルーカス・ブルンによって製作されたものに似た器械（どちらの装置もヤムニッツァーのモデルに基づいている）を使用する一方，芸術的な想像力の役割をも強調する[*9]．理論的側面から見ると，ハルトは，レンカーが重点を置いたアルファベットのような現実世界で実際に使われる具体

的な「構成要素」と，ヤムニッツァーによる多面体におけるプラトン的で理想的な概念の統合を提案している．その目的のため，アルファベットの五つの母音が，タイトル頁で誇らしげに示されている五つの正多面体に対応させられた．多少，不自然なところもあるが，言語の理解のためには母音の知識が必要なのと同じように，何を手掛かりにするにしろ，3次元の形状を創造するには基本的な正多面体についての知識がどうしても必要であるというのである．この考え方はヤムニッツァーやその弟子たちのピタゴラス的ならびにプラトン的な概念に一致する．ハルトの図は，ヤムニッツァーの図のように正確でも創造的でもないが，まさに架空の幾何学の伝統の上にあり，それ自身に特有の独創性が見られる．

　ヤムニッツァーの『正多面体の透視図』が出されてから約60年後つまりデューラーの『計測法教本』が出されてから約100年後に，ピーター・ハルトの仕事は，それまでは多少大目に見られてきたドイツ芸術における幾何学尊重主義の流行に終わりをもたらす．美術史的表現では，そこに現れた様式や形態はほんの短い開花時期を楽しんだだけのことになる．しかし，現代において優勢な立場にあるポストモダンの立場から見ると，その様式や形態の抽象的で彫刻的な特質は，それが生まれて以来のどの時代よりも，現代こそ，芸術的なセンスを力強く磨き上げる有力な武器になるように思われ，その点で，本書著者の彫刻家としての個人的な意見では，21世紀の芸術世界に大きく貢献する．

ニュルンベルク：近代初期の産業と文化の中心地

　どの都市や地域においても，自然資源と地理的位置は，各地の特徴を決める大きな要因である．中世後期のニュルンベルクは，自然資源には恵まれていなかったが，いくつかの交易ルートの交差点に位置していた．この事実は，歴史上のニュルンベルクの基本的な特徴になっている．つまり，ニュルンベルクは，その存在と繁栄を商業に負っていて，中世後期には，帝国自由都市として，あらゆる種類の新しい交易と産業で栄え，中世の終わり，つまり近世の夜開けの時代には，針金，生活用品，武器，甲冑などを含む金属加工品に関するヨーロッパ随一の生産地になっていた．実質的には，初期の産業革命の最前線に位置していたといえる．生産された製品の需要は，経済的な信頼感をもたらし，主要なヨーロッパ都市，特に重要な交易相手であったヴェネツィア，との間に強力な繋がりを持つ活気に満ちた革新的生産拠点となった．

こうして目新しい技術を歓迎する風潮が整うにしたがって，新しく発明された印刷技術をニュルンベルクがいち早く受け入れたのは当然だった．1470年には，地元の貴族アントン・コーベルガーが，ドイツにおいてもっとも成功することになる印刷所を開設した．それに続いて，つぎつぎと印刷所が開かれ，ニュルンベルクは，ほどなく印刷業と出版業の中心地になった．科学装置を含む他の「ハイテク」製品やぜいたく品も集まった．これがレギオモンタヌスやその他の重要な人物が，ここでの科学や技術の研究の続行を望んだ理由だった．アルブレヒト・デューラーは，このニュルンベルクで生まれた最も著名な画家兼科学者で，創造的な生活を送り，他の多くの重要な人物とも関係している．1492年に世界で初めて地球儀を作ったマルティン・ベハイムもこの街で生まれ，働いた．1504年に世界初の懐中時計を製造したピーター・ヘラインも同様である．中世の世界観を打ち破った学説が出された時と場所にも関係している．つまりニコラス・コペルニクスが宇宙における太陽中心モデルを提案して古い常識を破壊した『天球の回転について』は1543年にここで出版されたのである．

　ニュルンベルクは，ドイツにおける古典知識の復興を進める知的運動であるルネサンスの中心地であり，宗教面では1525年にプロテスタント改革を受け入れて市民生活は大きく変わった．芸術においても，ドイツ・マニエリスムとして知られる運動の中心地として重要な役割を果たしている．しかしながら不幸なことに，最終的には，そのあまりに派手な活力ならびにあまりに幅広い分野での急速な発展のために，崩壊することになる．つまり，交易や発明の中心地であり，宗教，哲学，芸術における改革運動の中心地であり，地理的にもヨーロッパの中心にあったため，商人や旅行者がたえず街中を行き来して，悪疫に感染しやすかった．中世から16世紀後半にかけて数年間，その悪疫が大流行したため，数千人の市民が死亡している（ヤムニッツァーとレンカーの二人の芸術家は，1585年の流行で感染した）．これらの壊滅的な事件は，後に，徹底的な宗教争いという社会的悲劇によって悪化した．30年戦争（1618-1648）にも徹底して巻き込まれ，壊滅的被害を被っている．その後，何十年もの衰退期に入り，復興するのは19世紀を待たなければならなかった．

■注と文献
1. 『計測法教本』(1525)，『人体比例論四書』(1528)．
2. この薄い書物のための木版画は，1557年ごろ，シュトーアがニュルンベルクに移住したのちに，アウグスブルクの印刷・出版業者であるハンス・ロゲルの工房で製作された可能性が高い．
3. バロック風のロココ式装飾を先取りした渦巻き模様として知られているこれらの装飾形態は，フランスやベネルックス（オランダ，ベルギー，ルクセンブルグ）地方で始まっ

たようである．それがおそらくシュトーアの印刷物によって大きく誇張されながら広まった．

4. 遺跡に興味を持つというルネサンスの伝統の始まりは，古典復興に関心を持っていたブルネレスキやドナテッロにまでさかのぼる．このような連携は，遺跡の眺めを透視図で描いた建築家セバスティアーノ・セルリオにも受け継がれた．しかしながら，とくにベネルックス地方の印刷業者のあいだには，遺跡を理想化して残す伝統もあった．
5. 現在，ヴォルフェンビュッテルのヘルツォーク・アウグスト図書館に所蔵されている．
6. 現在，ミュンヘン大学図書館に所蔵されている．
7. これらもヴォルフェンビュッテルのヘルツォーク・アウグスト図書館に所蔵されている．
8. ペストは，16世紀にドイツ全土において繰り返し発生した．ニュルンベルクでは，1405年，1435年，1437年，1482年，1494年，1520年，1534年，1552年，1556年，1562年および1563年に流行している．近くにあるアウグスブルクでは，さらに深刻な被害を受け，16世紀には20回以上も発生した．
9. ハルトは，『異なる透視図作画装置の発明における三つの重要な新しい功績』(1626)という小冊子を作ったが，それにはこの器機の説明と，それとは別に新しい透視図作画方法が含まれていた．

5

関連分野の流行と衰退

イタリアにおける透視図法の幾何学的研究

　芸術を改革する波はルネサンスを通じて，いろいろな国に広がった．つまりアルプスの南のイタリアから生まれた美的感覚や技術開発は，遅かれ早かれ，もう一方の北方のドイツ地域にも及ぶ運命にあったが，この伝播は長い期間にわたって確立された交易ルートに沿う傾向があった．たとえば，1300年代から貿易商人が支配してきたヴェネツィアは，商業的にも文化的にもニュルンベルクと親密な関係を築いてきた．したがってニュルンベルクで誕生し花開いた書物の製作が，イタリアでは，他の地域よりもヴェネツィアに，より早く伝わりより成功したのは，まさに当然だった．1500年代という早い時期にさえ，ヴェネツィアでは数十人のニュルンベルク出身の印刷工が働いていて，あらゆる種類の話題になった書物を作成している．しかしながら透視図法研究の分野におけるイタリアの作家たちの対応は，ドイツ人よりはゆっくりしていた．1509年のルカ・パチョーリとレオナルドによる『神聖比例論』ののち，1569年にダニエーレ・バルバロの『透視図の実際』が出るまで，3次元の規則的な多面体を主題としたイタリア人の仕事は見られない．

　ダニエーレ・バルバロ（1513-1570）は貴族出身の哲学者兼数学者で，ウィトルウィウスの翻訳と註解で知られていた．透視図法に関する書物では，すでにドイツの理論家たちによって研究されてきたさまざまな側面から見た包括的でわかりやすい説明を試みている．そこには正多面体および半正多面体についての「展開図」と透視図を添えた実践的な記述が見られる．いくつかの星形の作図と解説，ならびにドーナツ形のマゾッキオ[*1]（付録参照）とその変異形についての幾何学的透視図法の研究に関する項目も含まれている．バルバロの書物は数学的な説明に重点を置いていて，厳密で教育的な雰囲気を持っているが，おそらくウッチェッロの絵画に影響されて，奇妙なカブトをまとった球（247頁の図参照）とともに幾何学的な夢想の世界に遊ぶ場面もある．

　バルバロ以後，幾何学への関心は衰退したようで，多面体や透視図について

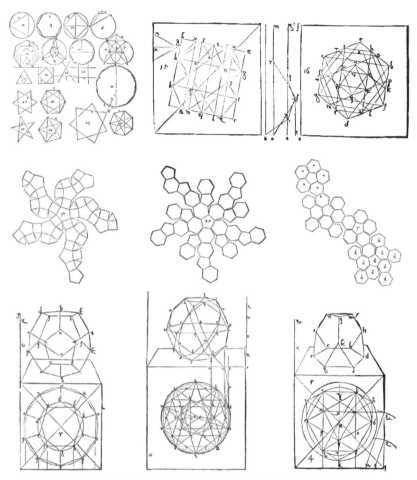

2次元および3次元の図形の作図．ダニエーレ・バルバロの『透視図の実際』（ヴェネツィア，1569）より．

　の印刷物は，イタリアでは，ほぼ 30 年後にピエトロ・アッコルティ（1570-1642）の『実用透視図』（フィレンツェ，1625）が出るまで現れなかった．建築家でもあったアッコルティは，この職人技の本で多面体を扱ったが，文章がはなはだ多く，図版は純粋に教訓的な雰囲気を持っている．

　イタリアのイエズス会士の哲学者で数学者であり，また天文学者でもあるマリオ・ベッティーニ（1582-1657）もいくつかの重要な数学上の本を出した．その中に，もともとは数学的好奇心で書かれた百科事典『数学的哲学の宝庫』

ルネサンスの多面体百科

ピエトロ・アッコルティの『実用透視図』(フィレンツェ, 1625) における図版の例.

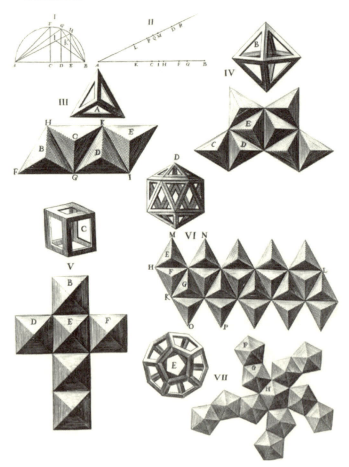

マリオ・ベッティーニ『数学的哲学の宝庫』(1648) より. 多面体の展開図が示されている. ベッティーニは著名なイエズス会士の哲学者で, 数学者, 天文学者でもあった.

（ローマ，1648）が含まれていて，さまざまな多面体やそれらの展開図が魅力的に説明されているが，その執筆意図は，やはり純粋に教育的なところにあったようである．

バルバロとは対照的に，ロレンツォ・シリガッティ（1625没）の著作『透視図の実践』（ヴェネツィア，1596）は，透視図法の理論については少し出てくるだけで，むしろ一連の魅力的な立体，枠組化された正多面体，そして球体の多数の興味深い変化形態とドーナツ形のマゾッキオの図が細かく描かれている（252～255頁の図参照）．そのうち球体の多くは，バルバロの球体と同じく角錐で覆われていて，ヨロイで覆われたような外観を見せる．最後は，ヤムニッツァーとシュトーアにならったと思われる多面体を寄せ集めた2枚の図で締めくくっているが，これは，イタリアにおける幻想の幾何学の関連分野のほとんど最後の置き土産となった．

透視図とバロック：幻想の幾何学の終焉

幾何学的な問題やその応用に熱心に取り組む動きは，多かれ少なかれ，これまでに触れてきた16世紀のさまざまな芸術家や技術者や理論家たちによって始まり，そして終わった．幾何学を応用した発明の流行は17世紀の初頭には衰えていたのである．ヨーロッパにおける透視図法に関する書物は，非常に長いあいだ出し続けられ，正多面体やそれ以外のさまざまな多面体もその中に収められた図としての役目を持っていたが，これらの図が創造的な話題の中心になることは二度となかった．正多面体への「宇宙論的」観点に立った関心もまた弱まった．プラトンおよびピタゴラスの考え方との関連性については，完全に忘れ去られたことはなかったが，その後，より近代的で実用的な数学の分野に取り込まれている．これからもプラトン風の宇宙論的な見方はほとんどなくなると思われる．もしあっても，規則的な幾何学図形に関係する芸術的な遊び心との関係においてであろう．

こうした時期に，バロック様式が現れ，透視図法の研究は，この風潮に巻き込まれた建築家や，フランスとイタリアのイエズス会士を中心とする数学者によって，それぞれの分野での新しい教育の中に取り込まれながら行われるようになった．

より壮大で，表現力豊かな建築様式としてのバロックの出現については，オランダの建築家で技術者でもあるハンス・フレーデマン・デ・フリース（1527

ルネサンスの多面体百科

フレーデマン・デ・フリースにとって,透視図はおもにバロック風の光景を表現するための手段であった.現代の幾何学的な工夫はここに見るような図案の亜流になっている.

-1607)の図が明快に示している.フリースは,数棟の庶民的な建物を設計したりアントワープの要塞に関しての仕事をしたりしているが,むしろ理論家としてもっとも知られていて,庭園設計に関する書物と『透視図法』(1604)を出版した.どちらも非常に影響力のあったもので,広大なバロック建築の雰囲気を先取りしている.いくつかの多面体が描かれた透視図も残しているが,その多面体はフリースの幻想の建築を,内観と外観の両方にわたって象徴していて,それによって17世紀の新しいヨーロッパの富と権力の意味を見事に説明している.その中の庭園の造形,とくにフリースが好んでいたと思われる迷

5 関連分野の流行と衰退

路，には幾何学的な遊び心が見られるようである．

フリースと並ぶ当時のもう一人の著名な理論家がジャック・アンドゥルーエ・デュ・セルソー（1549-1584）である．名高い建築家の家系の出身で，『実践的透視図法講義』1巻を出版したが，ここでも透視図法の主要な課題は，壮大な建築図案の劇的表現を見せることだった．この本で非常に成功し，セルソーは今でも「フランス建築の開拓者」と見なされているほどである．とはいえ，幾何学図形はほとんど使われていない．

このように，透視図法を研究するには，図を用いる幾何学的な方法のほかに数学的な理論に基づく方法がある．フランスのフランシスコ会修道士で数学者でもあるジャン=フランソワ・ニスロン（1613-1646）は，1638年に『不思議な透視図』と呼ばれる書物を出した．この著作では，アナモル

『不思議な透視図』(1638) より．著者であるジャン=フランソワ・ニスロンの肖像画の細部．

フォーシス（図像の巧妙な歪曲）やトロンプ・ルイユ（実物そっくりに描くだまし絵）などのだまし絵に並んで透視図法についても，数学的に調べている．また伝統的な透視図法を用いて正多面体などを描く一方で，一連の星形の多面体の緻密な作図も試みている．

ニスロンの著書の出版後すぐ，同胞でイエズス会神父のピエール・デュブリュイユ（1602-1670）は，透視図法を扱った3巻からなる膨大な書物を出した．それには，ニスロンのいくつかのアイデアや，他のさまざまな理論家たちによる射影幾何学（透視図法を理論化した幾何学）の新しい理論が取り入れられていて，苦い論争が沸き起こり，デュブリュイユは剽窃罪に巻き込まれた．しかしながら，非常に人気があり，20版を超えて出版されている．ただしこの書物での幾何学図形の扱い方は貧弱で，ありふれた中空の角柱が数ページにわたって出てくるだけである．

バロック期で最も際立った人物の1人であり，特に巨大なトロンプ・ルイユの天井画を描いたことで有名なイエズス会士の画家アンドレア・ポッツォ（1642-1709）は，1693年に『画家と建築家のための透視図法』と呼ばれる2巻本を出した．おおむねこの本は，ユークリッド的観点から見た幾何学と透視図法の関係の終焉を示しているといえる．ここでは，もはや，内容はすべて建

築的透視図法と舞台セットの記述に関連していて，幾何学図形は全く含まれていない．

とはいえ，幾何学図形は透視図法の本では，粘り強く使われ続けた．後の18世紀においても同様で，今日まで透視図法の原理を説明するために大いに利用されている．しかし，理想的幻想的な幾何学，2次元平面上での3次元空間の表現，そして古典古代で有力だった巨大な宇宙論との間のほとんど魔術的な連鎖は，皮肉なことに，啓蒙運動が盛んになった文明開化の時代になって完全に終焉した．

■注と文献

1. マゾッキオは，木製か籐製の枠を360°回転させて作った頭飾りだった．原型は中世にあり，フィレンツェでは15世紀中ごろ非常に人気を博した．複雑なドーナツ形をしているため，透視図法の理論家たちの興味を引く特異な作図テーマになった．透視図を描くために使われた，古典にはないほとんど唯一の幾何学形態でもある．

幾何学と偉大な知性

レオナルド, デューラー, ケプラー

レオナルド・ダ・ヴィンチ (1452-1519)
『神聖比例論』(ヴェネツィア, 1509)

　ルネサンスは，古代ギリシャ・ローマの文化と思想の復興に深く関わり合っていて，古代の古典から得た発想を基礎として生まれた．この新しい考え方の到来を促した最大の要因は，自然を深く理解し，磨かれた芸術作品を生み出すための基礎となった数学にあった．レオナルドはそのルネサンスの最前線にいた．レオナルドの書いたノートを見ると，幾何学と透視図法のあらゆる面に興味と関心をもち続けていたことがわかる．そして，パチョーリの『神聖比例論』に掲載する図面を描くために，多くの多面体模型を制作していた（それらの図面のいくつは本書に載せてある）．さらにそのノートは，レオナルドが比例と大きさの幾何学的な側面にいかに長い間注目していたかを示していて，パチョーリの書物には載っていない幾何学的立体，たとえばいくつかのアルキメデスの立体の図も描かれている[訳注1]．

アルブレヒト・デューラー (1471-1528)
『計測法教本（測定法教則)』(ニュルンベルク, 1525)

　デューラーは北方ルネサンスで最も名高い芸術家であり，レオナルドと同じように，科学と数学の分野におけるルネサンスの熱狂の波にすっかり呑み込まれて，晩年にはますます科学と数学の虜になっていった．1525年，54歳のときには，幾何学を応用した大作『計測法教本』を出版し，その中で芸術や工芸に応用できるような正多角形や正多面体などの幾何学的な形態のあらゆる性質が調べ上げられた．その最後の部分では，透視図法による作図を行うためのさまざまな器具について例示している．このようなデューラーの，幾何学と科学に対する関心は，母が世を去った1514年に完成された有名な銅版画「メランコリア」の中ですでに表現されていた．

ヨハネス・ケプラー (1571-1630)
『宇宙の神秘』(テュービンゲン,1596,1621)
『世界の調和(宇宙の調和)』(フランクフルト,1619)

　16世紀の偉大な2人の天文学者,ティコ・ブラーエとヨハネス・ケプラーは,ともにヤムニッツァーの著書『正多面体の透視図』を持っていて,それが表現していた宇宙の概念に2人とも大いに心を奪われていた.とくに宇宙の構造についてのケプラー独自の思想は,ヤムニッツァーの本から着想を得たといわれている.つまり,プラトンとアルキメデスの立体を系統的に研究して,それらの立体の大きさを,太陽から諸惑星までの距離に関係づけようと試みたケプラーは,プラトンの立体のどれもが球に内接かつ外接できることに注目し,それをヒントに,有名な多重の入れ子になった多面体模型(94頁の図参照)を作り上げて,惑星の軌道の大きさと関係づけることができると考えたのである.のちにこの考えは撤回されたが,ケプラーの名のもとに最も知られている天文学の業績,つまり惑星の運動に関するケプラーの三法則,は基本的にはその模型の考え方をさらに発展させて得られたものである.

パチョーリの『神聖比例論』(ヴェネツィア, 1509) のためのレオナルドによる挿絵. 左上は正四面体, 右上は正八面体, 左下は正二〇面体, 右下は正十二面体.

幾何学と偉大な知性

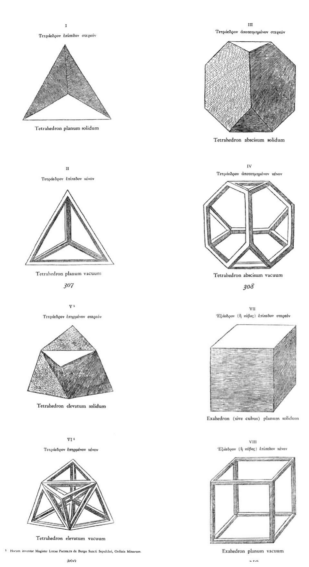

パチョーリの『神聖比例論』(ヴェネツィア, 1509) のためのレオナルドによる挿絵. 左上 2 個は正四面体, 右上 2 個は切頂四面体, 左下 2 個は星形の正四面体[訳注2], 右下 2 個は立方体.

ルネサンスの多面体百科

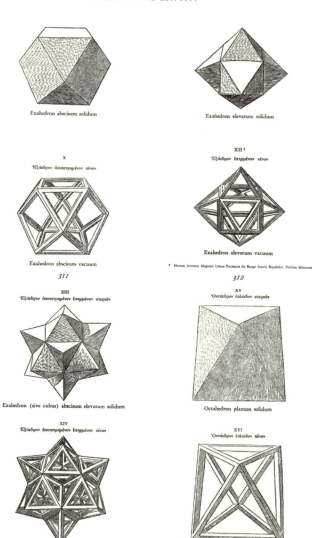

パチョーリの『神聖比例論』(ヴェネツィア, 1509) のためのレオナルドによる挿絵. 左上2個は立方八面体, 右上2個は星形の立方体, 左下2個は星形の立方八面体, 右下2個は正八面体.

幾何学と偉大な知性

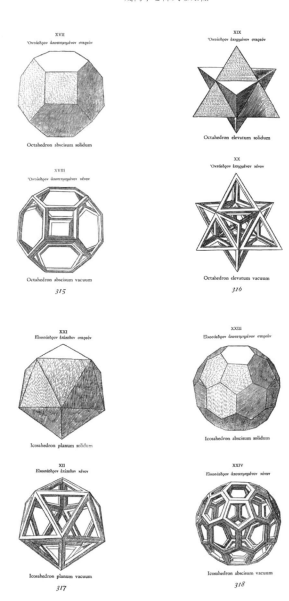

パチョーリの『神聖比例論』(ヴェネツィア，1509) のためのレオナルドによる挿絵．左上2個は切頂八面体，右上2個は星形八面体あるいは星形の正八面体，左下2個は正二〇面体，右下2個は切頂二〇面体．

ルネサンスの多面体百科

パチョーリの『神聖比例論』（ヴェネツィア，1509）のためのレオナルドによる挿絵．左上2個は星形の正二〇面体，右上2個は正十二面体，左下2個は十二・二〇面体，右下2個は星形の正十二面体．

幾何学と偉大な知性

323

324

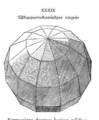

325

326

パチョーリの『神聖比例論』(ヴェネツィア, 1509)のためのレオナルドによる挿絵. 左上2個は星形の十二・二〇面体, 右上2個は菱形立方八面体, 左下2個は星形の菱形立方八面体, 右下2個はカンパヌスの球(カンパヌスの多面体).

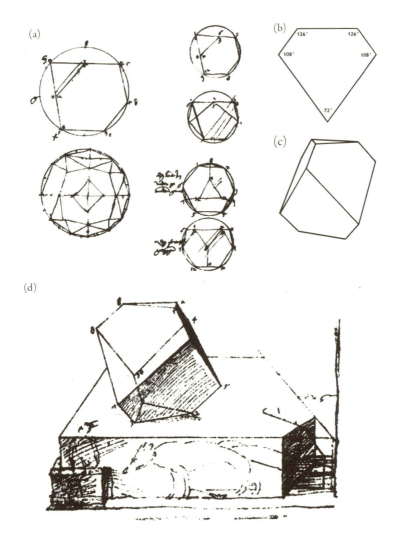

(a) デューラーの画集に見る図．版画「メランコリア」に描かれている悩ましい変形多面体に関する着想段階の様子を示す．(b) 変形多面体の側面となっている5角形の復元案．多面体は部分的に切頂された菱形六面体あるいは立方体を示すという考え方もあるが，まだ謎のままである．(c) ピーター・シュライバー (1999) によれば，変形多面体は，変形された立方体としての72°の角をもつ菱形六面体をその頂点で切って正三角形の側面を作ったものになっている[訳注3]．(d) デューラーの画集の中のもう一つのいたずらっぽいスケッチ．アヒルを追いかけているキツネが描き加えられている．

幾何学と偉大な知性

「メランコリア」(1514). 美術品としての価値とは離れた論点から，数かずの議論を呼び起こしてきた謎にあふれるこの作品は，デューラーの科学と数学への関心をはっきりと示している．つまり建築家用のいろいろな製図道具や大工道具が，コンパスや天秤ばかり，砂時計，魔法陣などと一緒におとぎ話風に描かれている．とくに，ぼんやりと頭蓋骨（おそらくデューラーの母のもの）が浮かぶ変形多面体は，その意味について多くの憶測を生み出してきた[訳注4].

ルネサンスの多面体百科

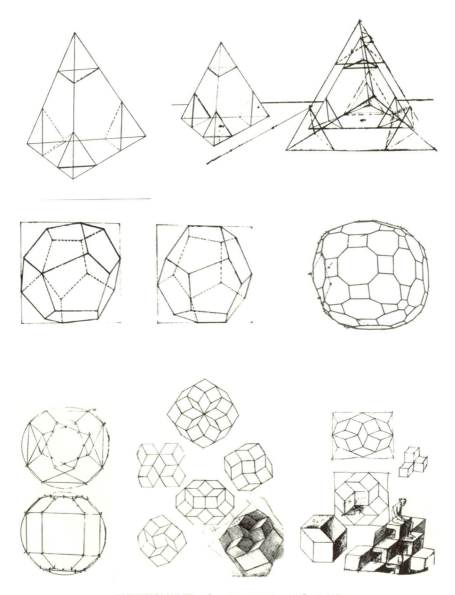

幾何学図形の作図. デューラーのスケッチブックから.

幾何学と偉大な知性

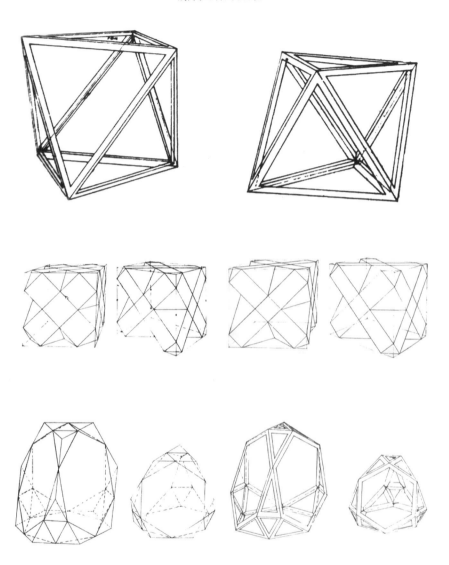

幾何学図形の作図．デューラーのスケッチブックから．

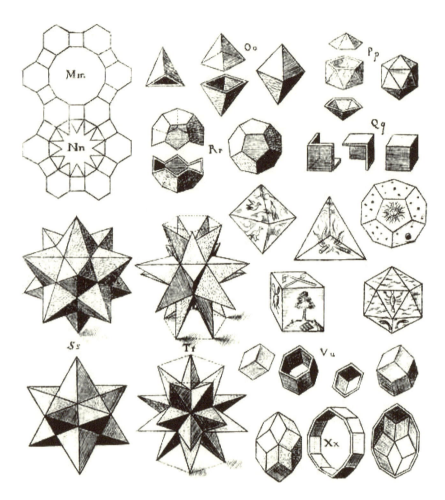

『世界の調和』(1619)に見るケプラーの平面幾何および多面体幾何の研究．プラトンの五つの正多面体（正四面体とO，P，Q，R）が，四大元素ならびに宇宙のかたちの五つに対応することが示されている（V）．星形正多面体のうちの小星形十二面体（S）と大星形十二面体（T）も描かれている．Xは菱形十二面体（上）と菱形三〇面体（下）の分解図．ケプラーは，宇宙秩序の謎は幾何学によって解かれるものだとかたく信じ，「幾何学は神の心とともに永遠なるもの」と考えていた．

幾何学と偉大な知性

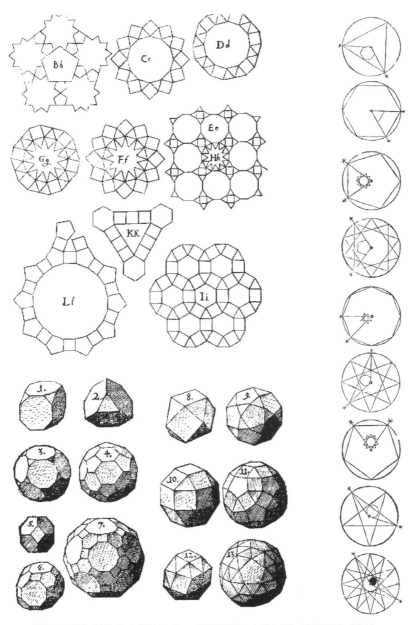

『世界の調和』(1619) に見るケプラーの平面幾何および多面体幾何の研究 (続き).

ルネサンスの多面体百科

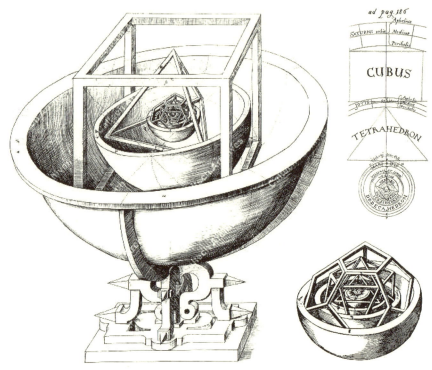

惑星軌道の相互関係を説明しようとするケプラーの試み.『宇宙の神秘』(1596) より. ケプラーはこの書物で,「最も偉大にして最善の神は,動く惑星を宇宙に配置するとき,ピタゴラスとプラトンの時代から今日の我々の時代まで最高に名高い五つの正多面体に目を向けられ,これらの立体によって惑星の数,その軌道の大きさの比率,その運動の法則を決められた」ということを示そうとした.惑星とプラトンの立体の関係というのは,水星と金星の軌道の間に正八面体が,金星と地球の間に正二〇面体が,地球と火星の間に正十二面体が,火星と木星の間に正四面体が,木星と土星の間に立方体が配置されているというものであった.ケプラーはこの原理を発見したことで宇宙の謎を解いたと強く確信し,それを模型で表現する「宇宙コップ」を作ってほしい,と図面を添えて,仕えていた領主に熱心に願い出た.各惑星はそれぞれに決まった宝石で示し,コップには各惑星にふさわしい最高級の飲み物を満たす,というものであったが,この計画は結局実現することはなかった.

■訳注
1. すべてのアルキメデスの立体の図が史上初めて見られるのは,ケプラーの『世界の調和』であるといわれている.
2. 多面体の側面を広げて作った多面体を「星形多面体」と呼ぶのに対して,多面体の側面に正多角錐を載せた星形をここでは「星形の多面体」と呼ぶ.
3. 変形多面体の実際のかたちは不明で,現在に至るも数多くの案が出され続けている.
4. 当時憂鬱つまりメランコリーを象徴するといわれていた品物を集めているといわれている.

ヴェンツェル・
ヤムニッツァー

ヴェンツェル・ヤムニッツァー (1508-1585)
『正多面体の透視図』(ニュルンベルク, 1568)

　すさまじいばかりの幾何学的な想像力を示すこの並外れた研究書において，ヤムニッツァーは，プラトンの立体に基づく自らの宇宙像を表現するかのような図形の構成方法を使ってプラトンの正多面体は無限に変化させることができるということを説明している．つまり，プラトンが『ティマイオス』で哲学的に説明し，またユークリッドが『原論』で数学的に説明している五つの正多面体について，その透視図を，従来にはなかった新しく，完璧で，適切な手法を用いて，どうやって注意深く仕上げるかを念入りに説明した書である．そしてこれに添えて，五つの立体から様ざまな別の立体を次々と無限に作るすばらしい方法が書かれている．

　この書物については，「調和する宇宙の栄光のために作曲された目に見えるフーガ」(ベディーニ) という賛辞がある．この考え方は，正多面体の中の四つが，プラトンがいうように，土，空気，火，水という実在の物質としての4元素を表しているということに基づくのであろう．確かに，ヤムニッツァー自身は，「透視図法の考案」と同時に，「元素の力の研究」をも成し遂げたという実感をもっていた．

　扱っている構成方法は，書物の最初の部分で示されている多面体の変形についていえば，幾分特異であるといわざるをえない．たとえば，それぞれの正多面体には，正四面体にはa，正八面体にはe，立方体にはi，正二〇面体にはo，正十二面体にはuという母音字が割り振られていて，それぞれの母音字の領域には24枚ずつの変形多面体の図面が収められている．つまり，それぞれの正多面体には，その正多面体そのものとそれに続く23枚の変形立体の図面が描かれている．24という数はギリシャ文字のアルファベットの文字数である24に因んで定められたものと思われる．

　続く部分はさほど体系的なまとまりを持たず，構成方法は明確ではない．10対の透き通った枠組みだけの「イタリア風の」規則的な多面体で始まり，それに続くページにはさまざまな球状の立体が続く．さらに4対のピラミッド形あるいは円錐形の立体が載せられ，最後に，透視図法の研究でしばしば扱われるマゾッキオ(付録参照)を思わせるドーナツ形の立体の3枚の図面が置かれている．

ヤムニッツァーは当時のヨーロッパでは最も有名な金細工師であったので，工房でつくり出された多くの作品は今でもなおヨーロッパ中の美術館で見ることができる．けれども，展示されているのは，宝石まがいの鉱石，サンゴ，貝殻などで過度に飾り立てられた装飾工芸品ばかりで，『正多面体の透視図』の幾何学的な純粋さとはまったく異質な美的印象を与える．ヤムニッツァーは明らかにそれらを作るほどのきわめて幻想的で芸術的な創造力を持っていた．しかし現代的な好みからすると，その名声はむしろ，プラトン風の宇宙論的な側面を持ちながらも現代的な美をも見せる正多面体の透視図に関係する作風に向けられるべきであろうか．

ルネサンスの多面体百科

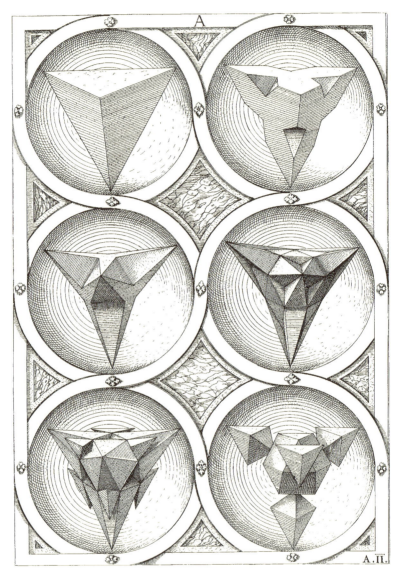

『正多面体の透視図』(ニュルンベルク, 1568) より. 正四面体とその変化形 (A2頁).

『正多面体の透視図』(ニュルンベルク,1568) より.正四面体の変化形 (A3 頁).

ルネサンスの多面体百科

『正多面体の透視図』(ニュルンベルク,1568) より. A2 頁細部.

『正多面体の透視図』(ニュルンベルク,1568) より.A3 頁細部.

ルネサンスの多面体百科

『正多面体の透視図』(ニュルンベルク,1568) より. 正四面体の変化形 (A4頁).

ヴェンツェル・ヤムニッツァー

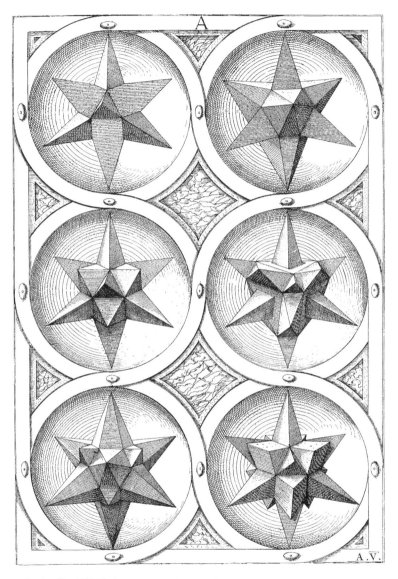

『正多面体の透視図』(ニュルンベルク, 1568) より. 正四面体の変化形 (A5頁).

ルネサンスの多面体百科

『正多面体の透視図』(ニュルンベルク, 1568) より. A4 頁細部.

『正多面体の透視図』(ニュルンベルク,1568) より. A5 頁細部.

『正多面体の透視図』（ニュルンベルク，1568）より．正八面体とその変化形（B1頁）．

ヴェンツェル・ヤムニッツァー

『正多面体の透視図』(ニュルンベルク,1568) より.正八面体の変化形 (B2 頁).

『正多面体の透視図』（ニュルンベルク，1568）より．B1 頁細部．

『正多面体の透視図』(ニュルンベルク, 1568) より. B2 頁細部.

『正多面体の透視図』(ニュルンベルク, 1568) より. 正八面体とその変化形 (B3頁).

ヴェンツェル・ヤムニッツァー

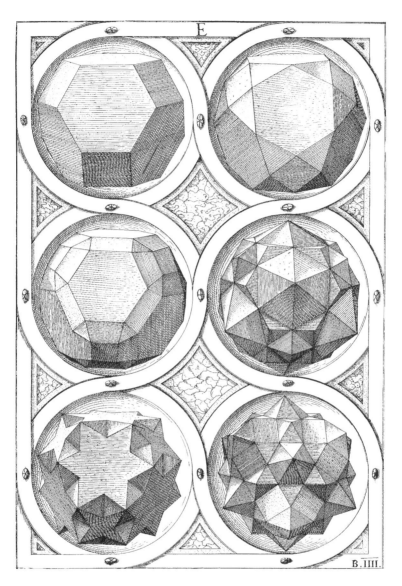

『正多面体の透視図』(ニュルンベルク,1568) より.正八面体の変化形 (B4頁).

ルネサンスの多面体百科

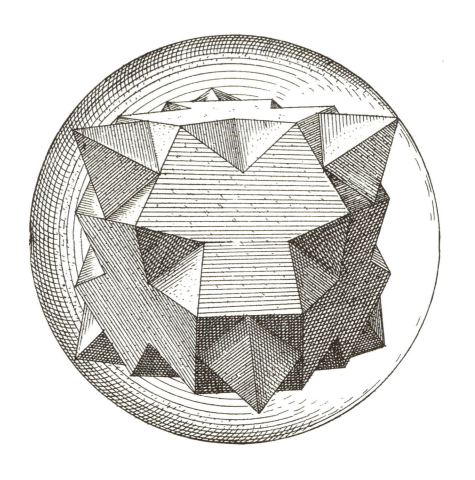

『正多面体の透視図』(ニュルンベルク, 1568) より. B3 頁細部.

『正多面体の透視図』(ニュルンベルク, 1568) より. B4 頁細部.

『正多面体の透視図』（ニュルンベルク，1568）より．立方体とその変化形（B6頁）．

『正多面体の透視図』(ニュルンベルク, 1568) より. 立方体の変化形 (C1頁).

ルネサンスの多面体百科

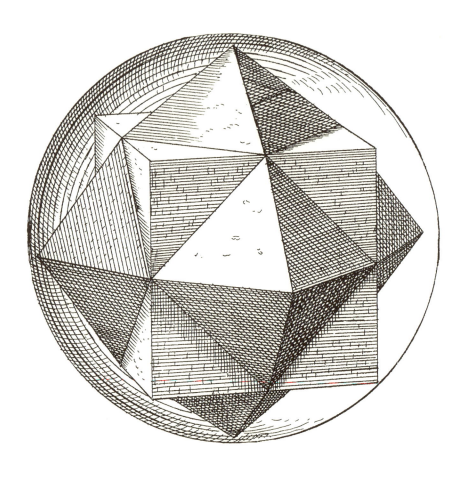

『正多面体の透視図』(ニュルンベルク,1568)より.B6頁の細部.

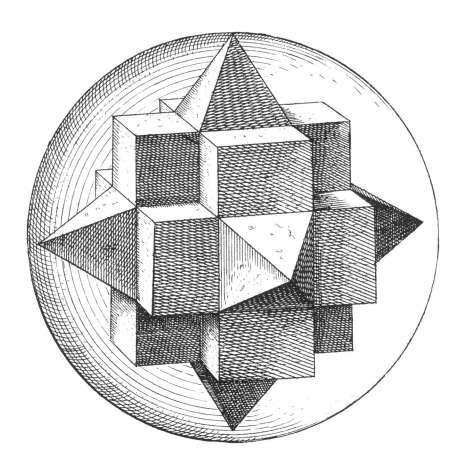

『正多面体の透視図』(ニュルンベルク, 1568) より. C1 頁の細部.

ルネサンスの多面体百科

『正多面体の透視図』（ニュルンベルク, 1568）より. 立方体とその変化形（C2頁）.

『正多面体の透視図』(ニュルンベルク,1568) より.立方体の変化形(C3頁).

『正多面体の透視図』（ニュルンベルク，1568）より．C2 頁の細部．

『正多面体の透視図』(ニュルンベルク, 1568) より. C3 頁の細部.

ルネサンスの多面体百科

『正多面体の透視図』(ニュルンベルク, 1568) より. 正二〇面体とその変化形 (C5 頁).

『正多面体の透視図』(ニュルンベルク, 1568) より. 正二〇面体の変化形 (C6 頁).

ルネサンスの多面体百科

『正多面体の透視図』(ニュルンベルク,1568) より.C5頁の細部.

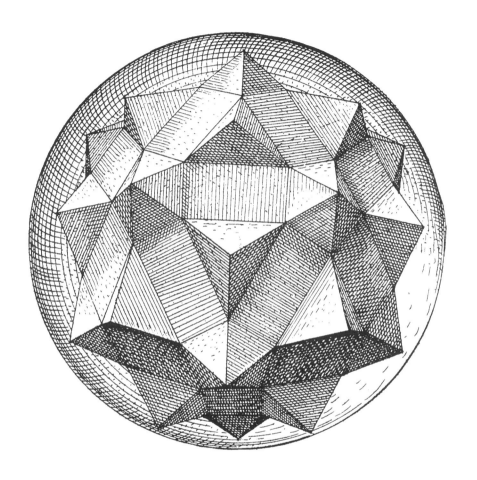

『正多面体の透視図』(ニュルンベルク,1568)より.C6頁の細部.

ルネサンスの多面体百科

『正多面体の透視図』(ニュルンベルク, 1568) より. 正二〇面体とその変化形 (D1 頁).

ヴェンツェル・ヤムニッツァー

『正多面体の透視図』（ニュルンベルク, 1568）より．正二〇面体の変化形（D2頁）．

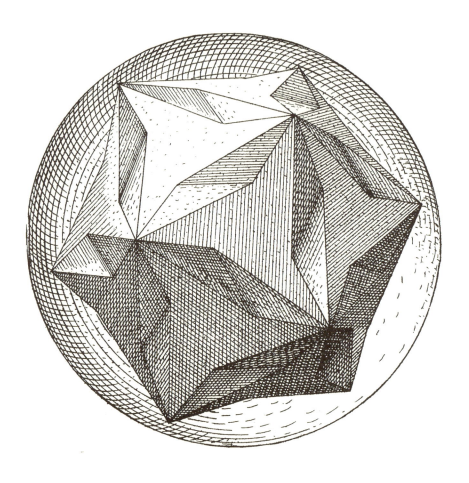

『正多面体の透視図』(ニュルンベルク,1568) より. D1 頁の細部.

『正多面体の透視図』(ニュルンベルク, 1568) より. D1 頁の細部.

『正多面体の透視図』(ニュルンベルク, 1568) より. D2 頁の細部.

ヴェンツェル・ヤムニッツァー

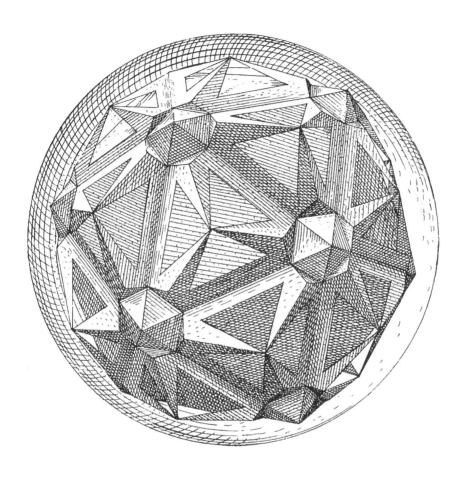

『正多面体の透視図』(ニュルンベルク, 1568) より. D2 頁の細部.

ルネサンスの多面体百科

『正多面体の透視図』（ニュルンベルク，1568）より．正十二面体とその変化形（D4 頁）．

ヴェンツェル・ヤムニッツァー

『正多面体の透視図』(ニュルンベルク, 1568) より. 正十二面体の変化形 (D5頁).

ルネサンスの多面体百科

『正多面体の透視図』(ニュルンベルク, 1568) より. D4 頁の細部.

『正多面体の透視図』(ニュルンベルク,1568) より. D5 頁の細部.

ルネサンスの多面体百科

『正多面体の透視図』(ニュルンベルク, 1568) より. 正十二面体とその変化形 (D6頁).

ヴェンツェル・ヤムニッツァー

『正多面体の透視図』(ニュルンベルク, 1568) より. 正十二面体の変化形 (E1頁).

ルネサンスの多面体百科

『正多面体の透視図』(ニュルンベルク, 1568) より. D6頁の細部.

ヴェンツェル・ヤムニッツァー

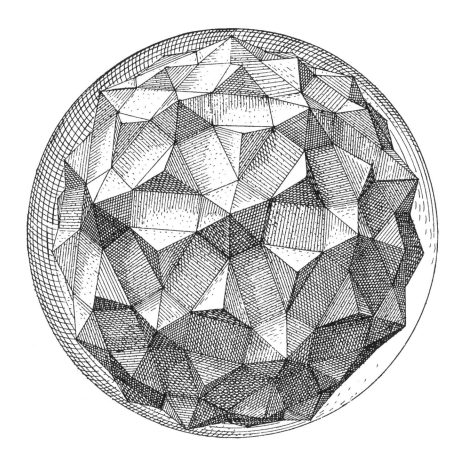

『正多面体の透視図』(ニュルンベルク, 1568) より. E1 頁の細部.

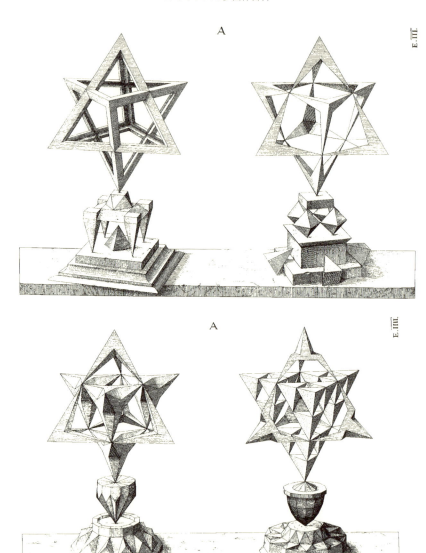

『正多面体の透視図』(ニュルンベルク, 1568) より. 正四面体とその変化形の枠組み模型 (E3 ならびに E4 頁).

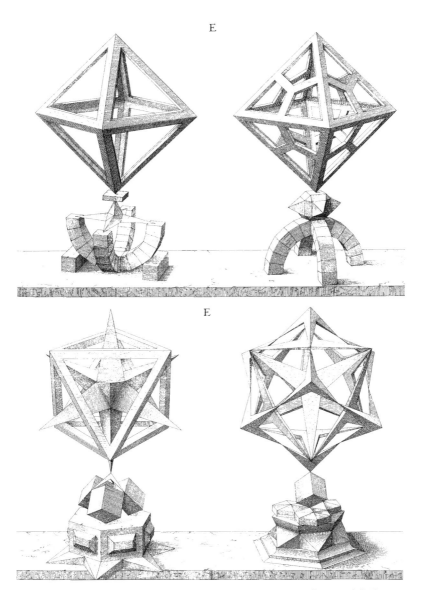

『正多面体の透視図』(ニュルンベルク, 1568) より. 正八面体とその変化形の枠組み模型 (E5頁) と正八面体の変化形の, 枠組み模型と星形枠組み模型 (E6頁).

『正多面体の透視図』(ニュルンベルク, 1568) より. E3 頁の細部.

ヴェンツェル・ヤムニッツァー

『正多面体の透視図』（ニュルンベルク，1568）より．E4 頁の細部．

ルネサンスの多面体百科

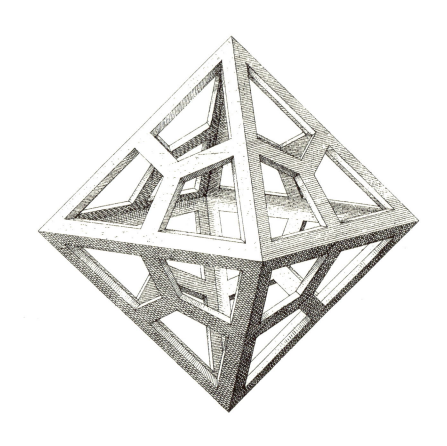

『正多面体の透視図』(ニュルンベルク, 1568) より. E5 頁の細部.

『正多面体の透視図』(ニュルンベルク,1568) より. E6 頁の細部.

ルネサンスの多面体百科

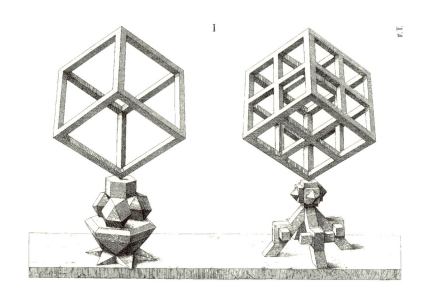

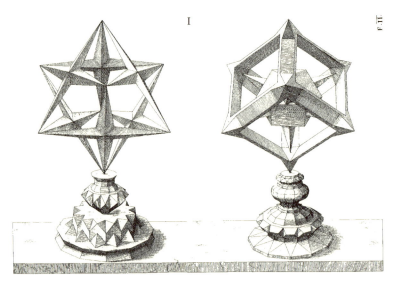

『正多面体の透視図』(ニュルンベルク,1568)より.立方体とその変化形の枠組み模型(F1頁)と立方体の変化形の星形枠組み模型(F2頁).

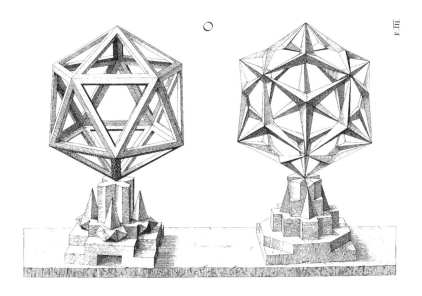

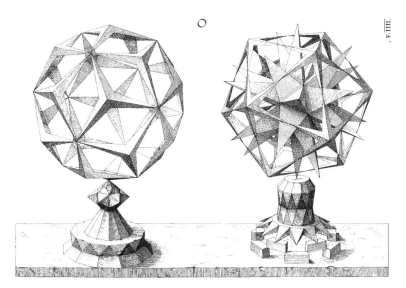

『正多面体の透視図』(ニュルンベルク，1568) より．正二〇面体とその変化形の枠組み模型と星形枠組み模型 (F3頁) と，正二〇面体の変化形の枠組み模型と星形模型 (F4頁)．

ルネサンスの多面体百科

『正多面体の透視図』(ニュルンベルク, 1568) より. F2 頁の細部.

ヴェンツェル・ヤムニッツァー

『正多面体の透視図』（ニュルンベルク，1568）より．F3頁の細部．

ルネサンスの多面体百科

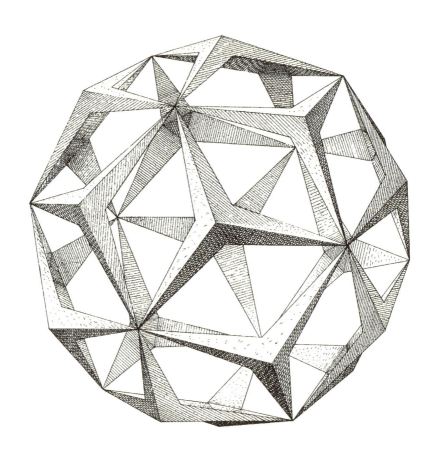

『正多面体の透視図』(ニュルンベルク, 1568) より. F4 頁の細部.

『正多面体の透視図』(ニュルンベルク, 1568) より. F4 頁の細部.

ルネサンスの多面体百科

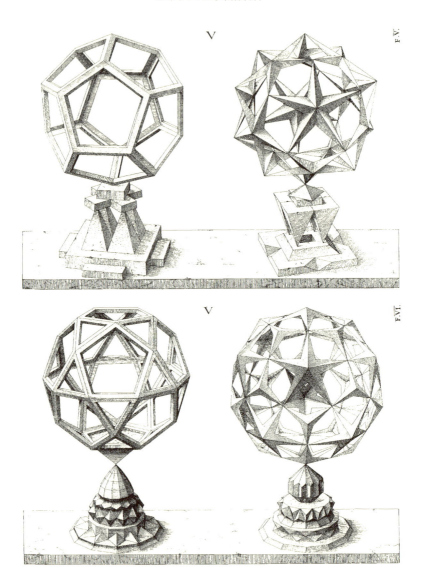

『正多面体の透視図』(ニュルンベルク,1568) より.正十二面体とその変化形の枠組み模型と星形枠組み模型 (F5頁),および正十二・二〇面体とその変化形の枠組み模型と星形枠組み模型 (F6頁).

ヴェンツェル・ヤムニッツァー

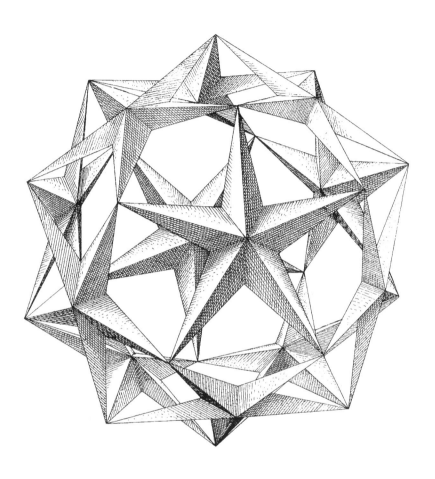

『正多面体の透視図』(ニュルンベルク, 1568) より. F5 頁の細部.

ルネサンスの多面体百科

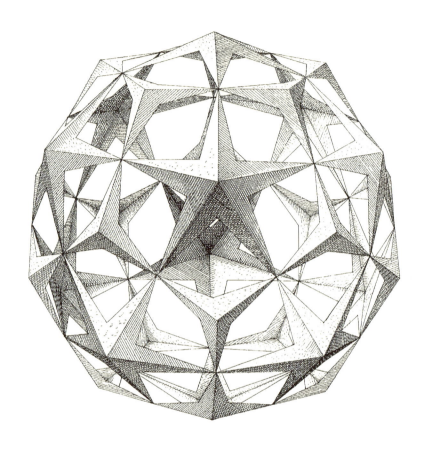

『正多面体の透視図』(ニュルンベルク,1568) より. F6 頁の細部.

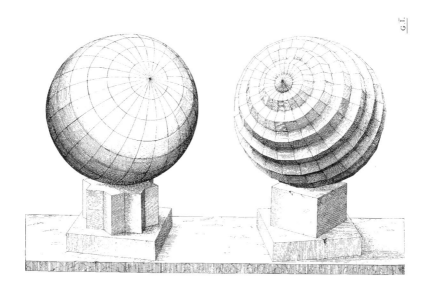

『正多面体の透視図』(ニュルンベルク,1568) より.球とその変化形 (G1 頁ならびに G2 頁).

ルネサンスの多面体百科

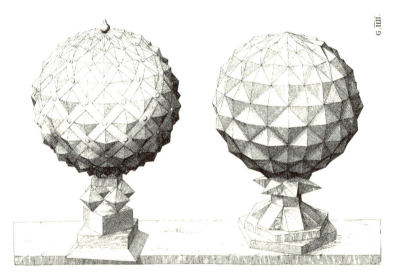

『正多面体の透視図』(ニュルンベルク,1568)より.球の変化形(G3頁ならびにG4頁).

ヴェンツェル・ヤムニッツァー

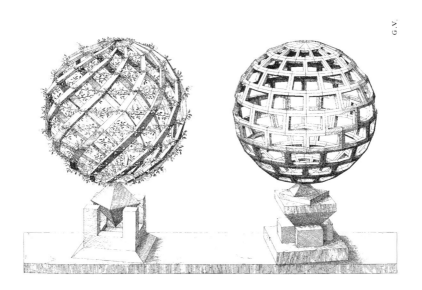

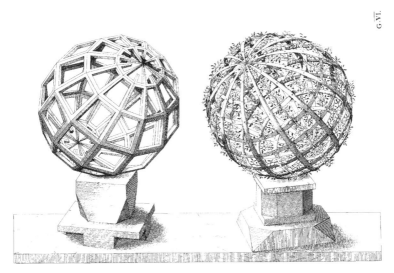

『正多面体の透視図』(ニュルンベルク, 1568) より. 球の変化形 (G5頁ならびに G6頁).

ルネサンスの多面体百科

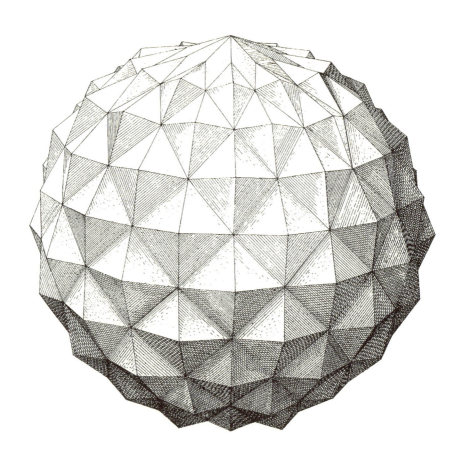

『正多面体の透視図』(ニュルンベルク,1568) より.G4頁の細部.

ヴェンツェル・ヤムニッツァー

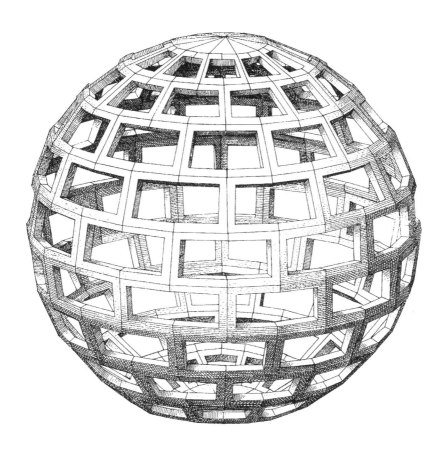

『正多面体の透視図』(ニュルンベルク, 1568) より. G5 頁の細部.

『正多面体の透視図』(ニュルンベルク,1568) より.G6 頁の細部.

『正多面体の透視図』(ニュルンベルク,1568) より. G6 頁の細部.

ルネサンスの多面体百科

『正多面体の透視図』(ニュルンベルク,1568) より.円錐の変化形 (H1 頁ならびに H2 頁).

ヴェンツェル・ヤムニッツァー

『正多面体の透視図』(ニュルンベルク, 1568) より. H1 頁の細部.

『正多面体の透視図』(ニュルンベルク,1568) より. H2 頁の細部.

ヴェンツェル・ヤムニッツァー

『正多面体の透視図』(ニュルンベルク, 1568) より. H2 頁の細部.

ルネサンスの多面体百科

『正多面体の透視図』(ニュルンベルク,1568) より．円錐の変化形 (H3 頁ならびに H4 頁)．

『正多面体の透視図』(ニュルンベルク, 1568) より. H3 頁の細部.

『正多面体の透視図』(ニュルンベルク, 1568) より. H4 頁の細部.

『正多面体の透視図』(ニュルンベルク,1568) より.H4 頁の細部.

ルネサンスの多面体百科

『正多面体の透視図』(ニュルンベルク, 1568) より. マゾッキオの変化形 (11頁ならびに12頁).

『正多面体の透視図』(ニュルンベルク, 1568) より. 11頁の細部.

ルネサンスの多面体百科

『正多面体の透視図』(ニュルンベルク,1568) より. 11頁の細部.

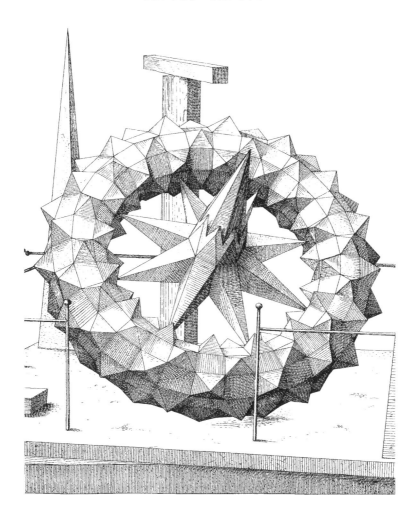

『正多面体の透視図』(ニュルンベルク,1568) より. 12 頁の細部.

ルネサンスの多面体百科

『正多面体の透視図』の第2部に描かれている土台部分の詳細図。これらの図はヤムニッツァーが多面体以外の立体的な配置にも夢中であったことを示している。最初の図（上段左）はヨースト・アンマンによるヤムニッツァーの肖像画（57頁の図参照）から採ったもので，その絵では師のヤムニッツァーが工房で作業に熱中している様子を見ることができる。

ヴェンツェル・ヤムニッツァー

(174頁の続き)

ルネサンスの多面体百科

（175頁の続き）

ローレンツ・シュトーア

ローレンツ・シュトーア（1540-1620 ごろ）

『幾何学と透視図』（ニュルンベルク，1567）
『幾何学と透視図：正多面体と不規則多面体』（1562-1599 ごろ）

　ローレンツ・シュトーアについては，ほんの近年まで，本書に収めた 11 枚の木版画によって知られるのみであったが，最近になって，それ以外の作品も見つかった．そのうちで，ミュンヘン大学図書館のフォリオ（二つ折り大判本）に詳細に描かれた 336 枚の水彩画の草稿集つまり『幾何学と透視図：正多面体と不規則多面体』は，そのところどころに書き加えられている日付データから推定すると，30 年以上にわたる期間の作品がまとめられたものになっている．

　シュトーアの生涯については，ニュルンベルクで生まれて若い時期をそこで過ごしたということ以外ほとんど知られていない．上記の薄い木版画集にも説明文がまったくなく，シュトーアが正多面体などの幾何学図形に魅了されていたことを示す文章も残されていない．

　シュトーアの『幾何学と透視図』における木版画では，正多面体や不規則多面体が幻想的な世界でさまざまに組み合わされ，妖怪でも出そうな廃れた風景の中に置かれて描かれている（185 頁参照）．その本のタイトル頁に添えられた説明文によると，収められた図面を，家具職人や愛好家が象眼細工の下絵などを作るとき使うことを期待していたようである．そのこともあり，シュトーアはのちに象眼細工の中心地であるアウグスブルクに移っている．といっても，収められた図面を下絵に用いた象眼細工は見つかっていない．そもそも，シュトーアが描いた図は，現存する象眼細工のパネルに使われているような図に比べてはるかに高い精度で仕上がっているのである．当時の印刷されて出回っていたいろいろな図面が下絵に用いられたという形跡はあるが，その中にシュトーアの図案を採用したものがあるかどうかは定かではない．

　シュトーアの本およびフォリオの手書き草稿のタイトルには透視図という文字が見られるが，残念ながら透視図の描き方の記述はどこにもなく，実際のところ，用いている透視図法が強い説得力を持っているわけでもない．しかしその仕事の根底にある透視図法へのあこがれは，デューラーと同じもので，数学と哲学の概念を取り入れることによって芸術と工芸の価値（そして画家と工芸家の社会的な地位）を高めるということにあったことはほぼ明らかである．

はっきりしない生涯においてどんなことが起こっていたにしても，シュトーアは40年の長きにわたって幾何学図形を描き続けた．その粘り強さは，自身の献身的性格の証であり，同時にこの分野に魅せられ続けたことの証でもあった．

『幾何学と透視図』（ニュルンベルク，1567）より．図1．

『幾何学と透視図』（ニュルンベルク，1567）より．図2．

『幾何学と透視図』（ニュルンベルク，1567）より．図3．

『幾何学と透視図』(ニュルンベルク, 1567) より. 図4.

『幾何学と透視図』(ニュルンベルク, 1567) より. 図 5.

『幾何学と透視図』（ニュルンベルク，1567）より．図6．

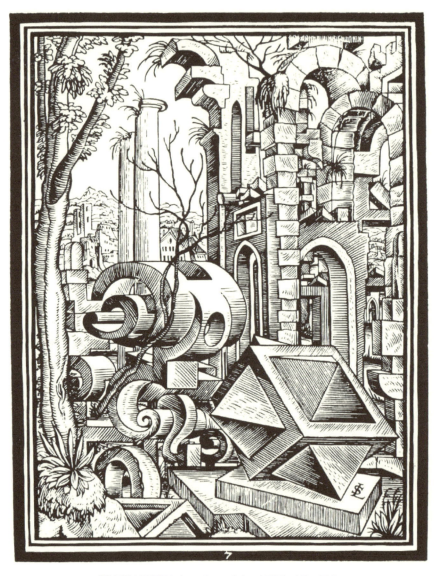

『幾何学と透視図』（ニュルンベルク，1567）より．図7．

『幾何学と透視図』(ニュルンベルク, 1567) より. 図8.

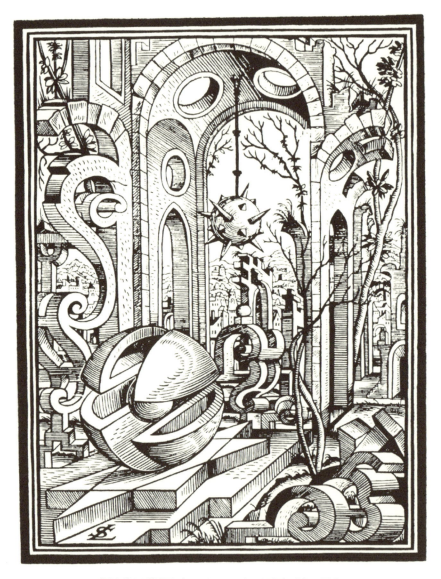

『幾何学と透視図』(ニュルンベルク,1567)より.図9.

『幾何学と透視図』（ニュルンベルク，1567）より．図10．

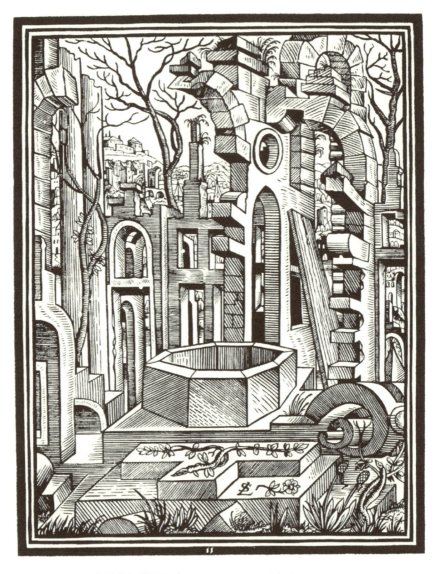

『幾何学と透視図』（ニュルンベルク，1567）より．図11．

『幾何学と透視図』(ニュルンベルク, 1567) より. タイトル頁. 添えられた説明文には,これらの「荒れ果てた立体を描いたさまざまなデザイン」は象眼細工職人やその愛好家にとって役に立つはず,と書かれている. 原画では楕円形の帯状の外周部分は明褐色に塗られていて,「どなたかご自分で正しく作る方がいるでしょうか. 誰も試そうとしてくれません.」という謎めいた文がぼんやりと書かれている.

ルネサンスの多面体百科

『幾何学と透視図:正多面体と不規則多面体』より.図39と図87.転載許可:ハラルド・フィッシャー出版,2006年.

ローレンツ・シュトーア

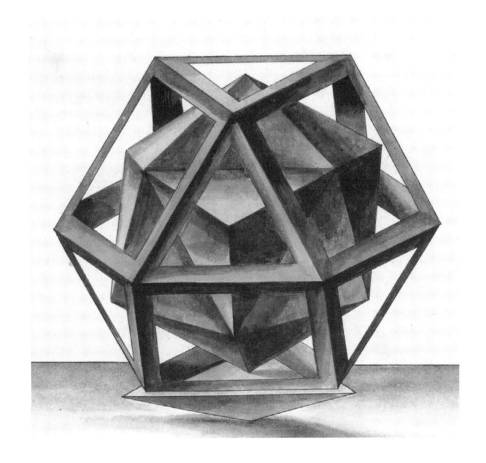

『幾何学と透視図:正多面体と不規則多面体』より.図39の細部.転載許可:ハラルド・フィッシャー出版,2006年.

ルネサンスの多面体百科

『幾何学と透視図:正多面体と不規則多面体』より.図98と図101.転載許可:ハラルド・フィッシャー出版,2006年.

ローレンツ・シュトーア

『幾何学と透視図：正多面体と不規則多面体』より．図 98 の細部．転載許可：ハラルド・フィッシャー出版，2006 年．

『幾何学と透視図:正多面体と不規則多面体』より.図134と図140.転載許可:
ハラルド・フィッシャー出版,2006年.

『幾何学と透視図：正多面体と不規則多面体』より．図134の細部．転載許可：ハラルド・フィッシャー出版，2006年．

『幾何学と透視図：正多面体と不規則多面体』より．図166と図171．転載許可：
ハラルド・フィッシャー出版，2006年．

ローレンツ・シュトーア

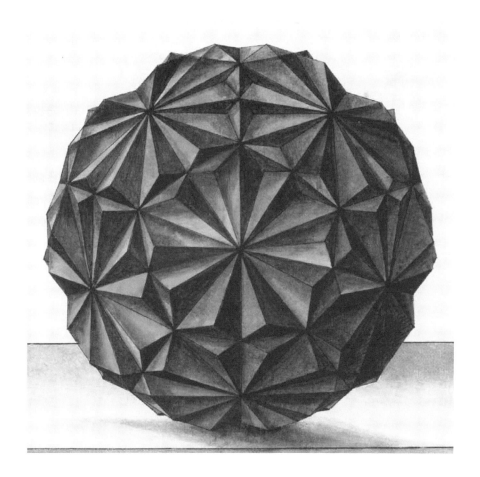

『幾何学と透視図：正多面体と不規則多面体』より．図166の細部．転載許可：ハラルド・フィッシャー出版，2006年．

ルネサンスの多面体百科

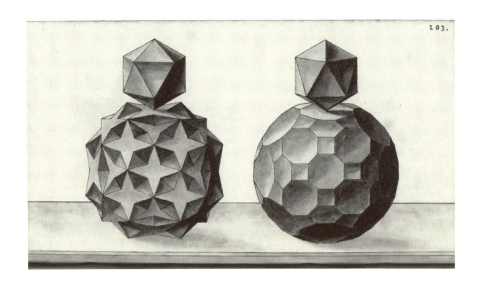

『幾何学と透視図:正多面体と不規則多面体』より.図179と図203.転載許可:ハラルド・フィッシャー出版,2006年.

ローレンツ・シュトーア

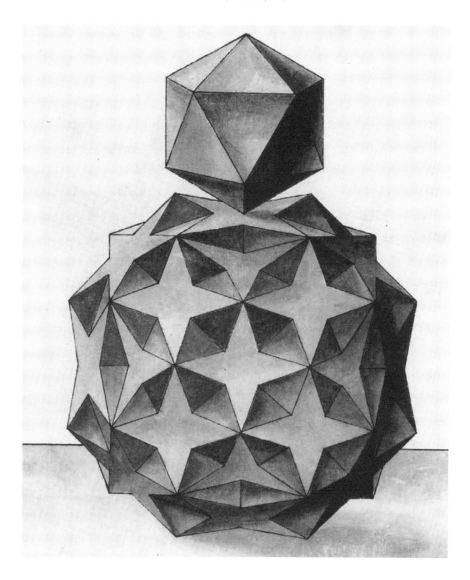

『幾何学と透視図：正多面体と不規則多面体』より．図203の細部．転載許可：ハラルド・フィッシャー出版，2006年．

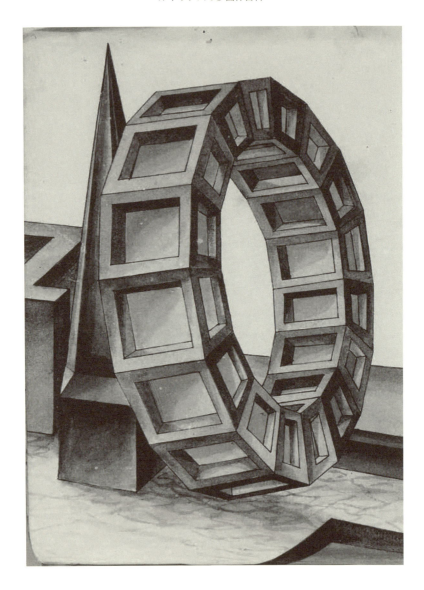

『幾何学と透視図：正多面体と不規則多面体』より．転載許可：ハラルド・フィッシャー出版，2006年．

ローレンツ・シュトーア

『幾何学と透視図：正多面体と不規則多面体』より．転載許可：ハラルド・フィッシャー出版，2006年．

ルネサンスの多面体百科

『幾何学と透視図：正多面体と不規則多面体』より．転載許可：ハラルド・フィッシャー出版，2006年．

『幾何学と透視図：正多面体と不規則多面体』より．転載許可：ハラルド・フィッシャー出版，2006 年．

ルネサンスの多面体百科

『幾何学と透視図：正多面体と不規則多面体』より．転載許可：ハラルド・フィッシャー出版，2006年．

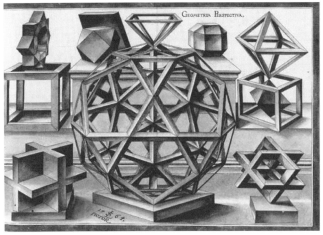

『幾何学と透視図：正多面体と不規則多面体』より．転載
許可：ハラルド・フィッシャー出版，2006 年．

ルネサンスの多面体百科

『幾何学と透視図:正多面体と不規則多面体』より.前頁上図の細部.転載許可:ハラルド・フィッシャー出版,2006年.

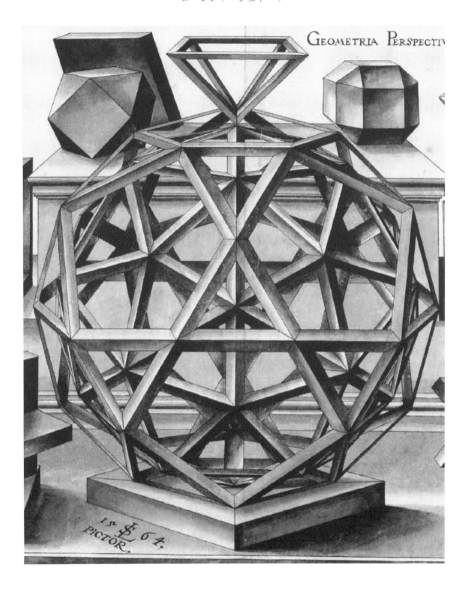

『幾何学と透視図：正多面体と不規則多面体』より．前前頁下図の細部．転載許可：ハラルド・フィッシャー出版，2006年．

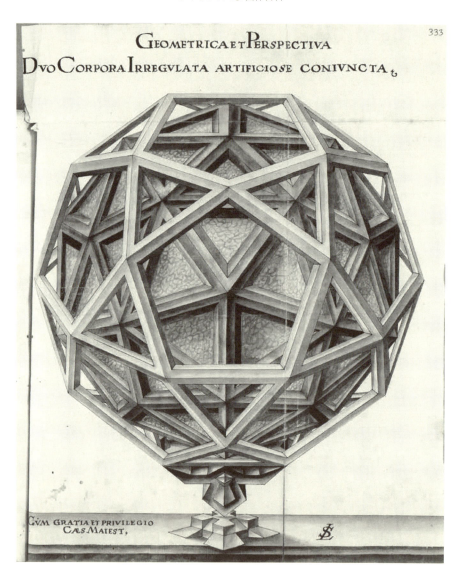

『幾何学と透視図：正多面体と不規則多面体』より．転載許可：ハラルド・フィッシャー出版，2006 年．

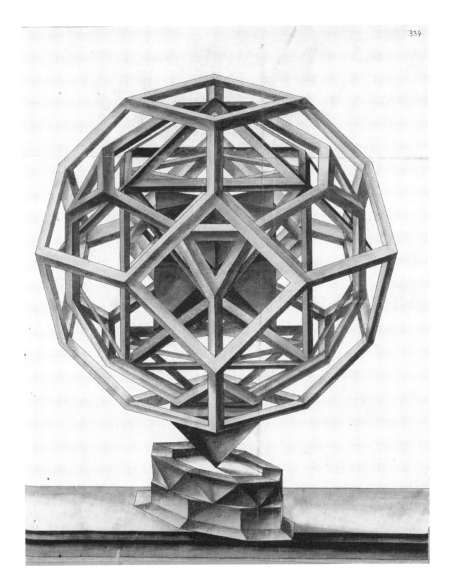

『幾何学と透視図：正多面体と不規則多面体』より．転載許可：ハラルド・フィッシャー出版，2006年．

ルネサンスの多面体百科

『幾何学と透視図：正多面体と不規則多面体』より．転載許可：ハラルド・フィッシャー出版，2006年．

ドイツのその他の幾何学的透視図作家

ヨハネス・レンカー（1551-1585 ごろ）
『文字の透視図』（ニュルンベルク，1567）
『透視図法』（ニュルンベルク，1571）

　レンカーの『文字の透視図』では，文字どおり，すべてのアルファベット文字を空間の中でいろいろな向きに置いたときの透視図が扱われていて，そこには，幻想の幾何学という本書のテーマにふさわしい，正多面体に次ぐおもしろい立体がいくつも見られる．幾何学的透視図を分類すれば，それらは珍しいものに位置づけられるのは間違いない．レンカーは透視図および透視図作画装置の応用を説明するために，文字の一つ一つにいろいろな姿勢をとらせるという独特の手法を用いた．このテーマはドレスデンの「美術蒐集室」の学芸員であったルーカス・ブルンによって1613年の透視図研究書の中で再び取り上げられることになる．

　レンカーは，ヤムニッツァーと同じように金細工師として修行をし，さらにその後ニュルンベルクの政界での要人になっていった．残念なことに生涯についてはそれ以外ほとんど知られていないが，扱っている幾何学図形は明らかにどこかヤムニッツァーに負うところがあり，また製図の技量はシュトーアより優っていて，残されている図はその二人のものよりもずっと大胆に描かれている．ただしヤムニッツァーとは違って，これらの図をアルファベットの配列以外の何らかの図式に関係させようとした形跡はない．つまり，各図によって透視図法の原理そのものを純粋に表現したようである．基本になる光学の概念についてはきちんと理解していて，その点では，デューラーと共通していた．測量機器と透視図作画装置を工夫したことでも知られ，それらは後に仕上げられた『透視図法』という短いタイトルの著書の中で図解されている．

　一方，『文字の透視図』の中では，文字が3次元的に描かれているが，その意図を説明する文がまったく添えられていない．もちろん，それまでにもアルファベット文字のしっかりした形状を扱った工芸技術的な文献は存在していた．パチョーリとデューラーは共にそれぞれの著作の中で扱っていて，同じような内容の文献ではよく見られるテーマである．その中にあってレンカーは，透視図法と文字の図案化を独自の手法で統一させ，すべてのアルファベット文字をさまざまな位置に置いて見た図案を示すことによって，まばゆいばかりの描画技量と透視図に関する豊富な知識を見せつける．それだけに初出版で人気

を博して以来，現代の読者さえも魅了し続けているのである．

レンカーは正多面体に次ぐ半正多面体も，数は少ないながら，好んで図示している．いずれも自信にあふれた作品であり，また堅固な建築的な品質の高さも備えていて，そのうちのいくつかは大型化され，今日でも大規模な公共用の彫刻作品として活かされている．ただ残念なことには，芸術作品といえるものはほんのわずかしかないか，あるいはほとんど残されていない．こうした仕事を残しながら，レンカーは，ニュルンベルクを襲ったペストの犠牲者として，ヤムニッツァーと同じく1585年に世を去った．

ルーカス・ブルン (1572-1628)
『実用透視図』（ニュルンベルク，1615）

ルーカス・ブルンはドレスデンの美術蒐集室の学芸員として知られているが，1620年より早い時期にすでに宮廷数学者に任命されていて，ユークリッドの『原論』のドイツ語版（ニュルンベルク，1625）を出版している．透視図作画装置を使えば模型を用いることなく透視図を描けることを示すため，その見本として文字を用いたが，これはこの分野でのレンカーの作品にならっていることは明らかである．じつはレンカー自身，ある時期，ブルンのいた美術蒐集室で講師として過ごしていた．

無名作家 (1565-1600ごろ)
『幾何学と透視図の図集』

この幾何学的な透視図の図集の作者名は不明である．全部で36枚のフォリオに描かれた水彩画からなり，体裁はこれまでに紹介した芸術家たちのものと全体的に似通っている．ペンと水彩絵具で仕上げられていて，シュトーアの作品と同様に長期にわたって描かれたものと思われる．収められた多くの図にはヤムニッツァーやレンカーの影響が見られるが，中にはこの作家の心温まる特徴を示しているものもある．いろいろな種類の小動物が描き添えられていて，独特の親しみが感じられるのである．

ヤムニッツァーやレンカーの書物は，それまでの透視図の研究書に比べてよ

り広い層からの人気を得て，一般的にも認められる独自の表現様式が確立されていた．それに対してシュトーアの後期の図やこの無名作家の図からは，どちらかというと個人的な作品という印象を受ける．誰かから依頼されて描いたという可能性もあるが，むしろ単に作者の個人的趣味を満足させる作品と考えるほうが当たっているだろう．

書物の中の一連の図は，その制作意図を明示するかのようにプラトンの立体で始まっている．それに続く部分では，すでに知られていた芸術家たちの図集とよく似たテーマを探求しているように見えるが，むしろ明らかにそこから題材を借用しているのである．実際，並べられている図面の内容とその図の参考になったと思われるほかの作家の作品の内容との類似性を見ると，次のような疑問が浮かぶのだが，残念ながら誰も答えられないであろう．つまり，両者はどの程度親しい間柄だったのか，両者は互いの作品についてどの程度知っていたのだろうか，両者の作品はどんな状況のもとで描かれたのだろうか．

誰でもそうした芸術家たちの日々の暮らしについてもっと詳しく知りたいはずである．作品から判断する限り，平穏に熟考にふけっている様子を想像することができるが，それは，作品が生み出された時代の政治的な騒々しさや疫病などの不幸な背景とは全くかけ離れたものであることは間違いない．16世紀後半のドイツでは，芸術家は永遠なるプラトンの立体を考察することによって，混乱した世界から逃避することが認められていたのかもしれない．

パウル・プフィンツィンク（1554-1599）
『幾何学と透視図法の概要』（ニュルンベルク，1598）

プフィンツィンクは，1580年代に色彩鮮やかなニュルンベルクの地図を制作した印刷業者，出版業者，地図制作者であった．1598年に独特の幾何学的透視図法の専門書を限定版として出版している．この本はヤムニッツァーやその後の作家たちのものに比べるとはるかに教科書風で，さまざまな幾何学的な図が，商売道具ともいうべき作図，計測，測量に用いる装置の図と一緒にまとめられている．

ピーター・ハルト（1620-1653ごろ活躍）
『透視図の技法』

　この工芸家については，石工を職業とし，ショルンドルフで建築家として修業していたということ以外ほとんど知られていない．透視図の分野では，唯一の著作物として『透視図の技法』を残したが，明らかにヤムニッツァーの影響を受けている．また，ローレンツ・シュトーアと同じく1600年代の初めにアウグスブルクにいたことから，この二人は個人的に知り合っていたと推測できる．

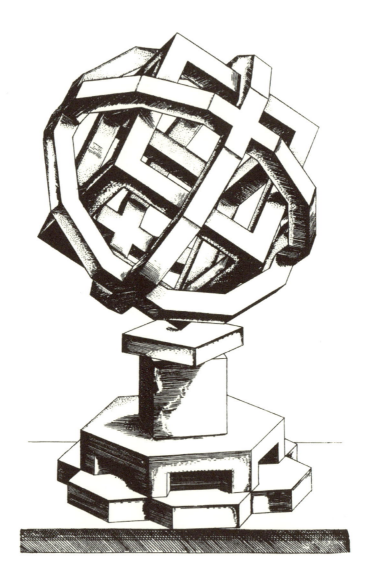

ヨハネス・レンカー『文字の透視図』(ニュルンベルク, 1567) より.

ヨハネス・レンカー『文字の透視図』（ニュルンベルク，1567）より．

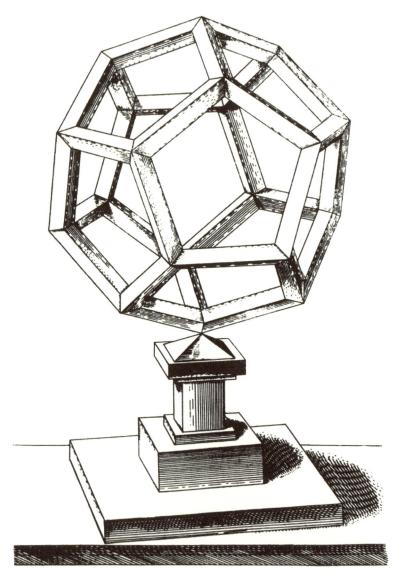

ヨハネス・レンカー『文字の透視図』（ニュルンベルク，1567）より．

ドイツのその他の幾何学的透視図作家

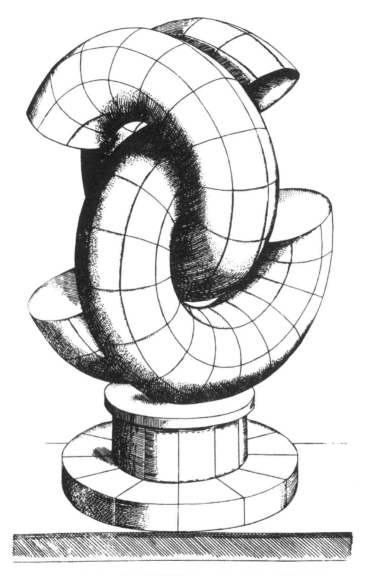

ヨハネス・レンカー『文字の透視図』(ニュルンベルク, 1567) より.

ヨハネス・レンカー『文字の透視図』（ニュルンベルク，1567）より．

ドイツのその他の幾何学的透視図作家

ヨハネス・レンカー『文字の透視図』(ニュルンベルク, 1567) より.

ヨハネス・レンカー『透視図法』（1571年）の表紙[訳注1].

ヨハネス・レンカー『文字の透視図』(ニュルンベルク,1567) より.

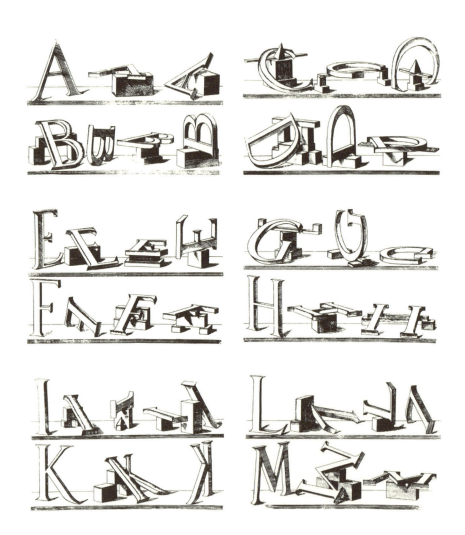

ヨハネス・レンカー『文字の透視図』（ニュルンベルク，1567）より．

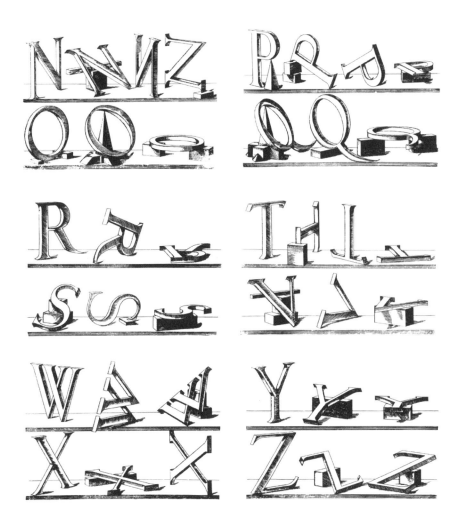

ヨハネス・レンカー『文字の透視図』（ニュルンベルク，1567）より．

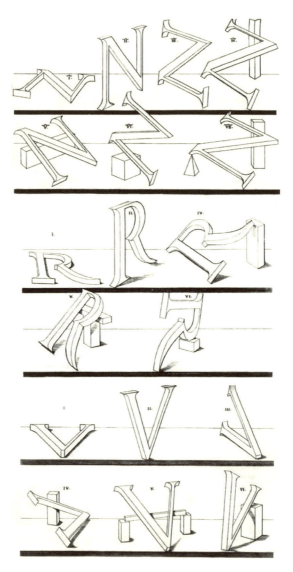

ルーカス・ブルン『実用透視図』(ニュルンベルク, 1615) より.

ドイツのその他の幾何学的透視図作家

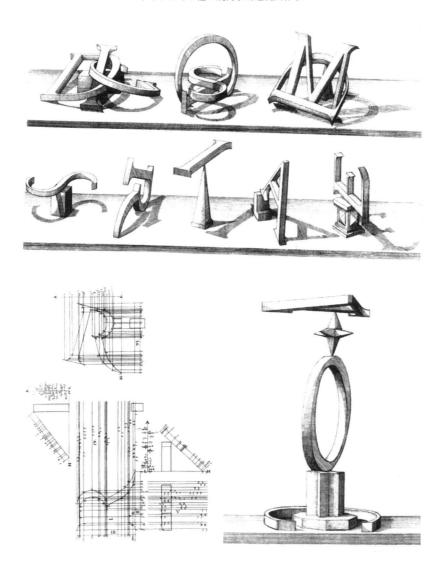

ルーカス・ブルン『実用透視図』（ニュルンベルク，1615）より．一時期ドレスデンの「美術蒐集室」の学芸員を務めたブルンは，マイクロメーターの発明者でもあり，精密な透視図作画装置を考案して，それを用いてアルファベット文字の切り抜き模型を正確に描写した．この作品は，個人的な知り合いであったヨハネス・レンカーをまねたものと考えられる．

ルネサンスの多面体百科

無名作家の作品（1545-1600 ごろ）より．掲載許可：ヘルツォーク・アウグスト図書館．ネット記事 Cod.Guelf.74．I Aug.20 参照．

ドイツのその他の幾何学的透視図作家

無名作家の作品（1545-1600 ごろ）より．掲載許可：ヘルツォーク・アウグスト図書館．ネット記事 Cod.Guelf.74. I Aug.20 参照．

ルネサンスの多面体百科

無名作家の作品（1545-1600 ごろ）より．掲載許可：ヘルツォーク・アウグスト図書館．ネット記事 Cod.Guelf.74.1 Aug.20 参照．

ドイツのその他の幾何学的透視図作家

無名作家の作品(1545-1600 ごろ)より.掲載許可:ヘルツォーク・アウグスト図書館.ネット記事 Cod.Guelf.74. I Aug.20 参照.

ルネサンスの多面体百科

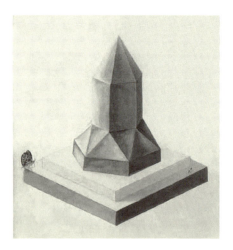

無名作家の作品（1545-1600 ごろ）より．掲載許可：ヘルツォーク・アウグスト図書館．ネット記事 Cod.Guelf.74．1 Aug.20 参照．

ドイツのその他の幾何学的透視図作家

無名作家の作品（1545-1600 ごろ）より．掲載許可：ヘルツォーク・アウグスト図書館．ネット記事 Cod.Guelf.74.1 Aug.20 参照．

パウル・プフィンツィンク『幾何学と透視図法の概要』(ニュルンベルク, 1598) より.

ピーター・ハルト『透視図の技法』(アウグスブルク, 1625) より.
図 69, 78, 101, 117.

ルネサンスの多面体百科

ピーター・ハルト『透視図の技法』(アウグスブルク, 1625) より. 図 130, 146, 150, 156.

ドイツのその他の幾何学的透視図作家

ピーター・ハルト『透視図の技法』(アウグスブルク,1625) より.図 90, 115, 72, 162.

ルネサンスの多面体百科

ピーター・ハルト『透視図の技法』(アウグスブルク, 1625) より.
図 40, 63, 95, 113, 122, 124, 126, 135, 155.

ドイツのその他の幾何学的透視図作家

ピーター・ハルト『透視図の技法』(アウグスブルク, 1625) より. 図 67, 88, 99, 111, 128, 143, 133, 161, 166.

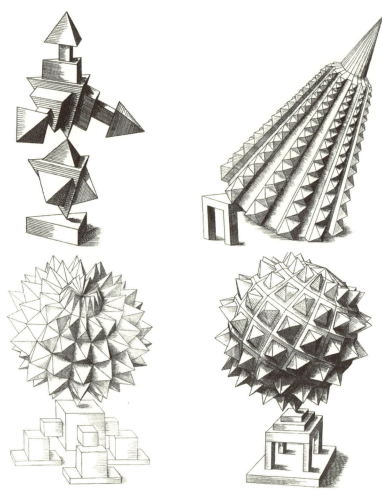

ピーター・ハルト『透視図の技法』(アウグスブルク, 1625) より. 図 33, 162, 169, 170.

■訳注
1. 次のような内容の説明が添えられている.「透視図法について, ここに例を示しながら手短に記し公開します. この新しい図法は, 特殊で簡潔ですが, しかし正確でかつ手軽に, 立体模型や建物といったいろいろな物を, 何本もの線を引くことによって, たとえ動かすことができなくとも, 望遠鏡で見るように遠くのものを近づけることができるものなのです. このような図法は今まで知られていませんでした. したがって, ハンセン・レンカーによって, ニュルンベルクにおいて, すべての芸術を愛する皆さまのために出版いたします」.

イタリアとフランスにおける幾何学的透視図作家

ダニエーレ・バルバロ (1513-1570)
『透視図の実際』(ヴェネツィア, 1569)

　ヴェネツィアの貴族，外交官，そして枢機卿であったダニエーレ・バルバロは「ルネサンス人」と呼ぶのにふさわしい芸術家といえる．古代ローマの建築家であり技術者であったウィトルウィウスによる 10 冊の本を翻訳したことでとくに知られているからである（その本ではパラディオが挿絵を描いている）．バルバロの透視図に関する書物『透視図の実際』は，透視図の分野に非常に大きな影響力を及ぼすと同時に，カメラ・オブスキュラへのレンズの応用について初めて記述するなど，写真の歴史においても重要な位置を占めている．

謎のマルティーノ・ダ・ウーディネ (1470-1548)
3 枚の図面

　「P.P.」という組み文字模様の署名が添えられた 3 枚の風変わりな図が残されている．それがどこから来たのか，なぜそんな絵が描かれたのかについては，はっきりとはわかっていない．どの絵もウッチェッロ，バルバロ，レオナルドのスケッチに類似していて，作者が透視図法に精通しそれを操る高い技量の持ち主であったことはわかるが，その他のことは不明である．アーサー・M・ハインドの考えでは，「P.P.」という組み文字模様はマルティーノ・ダ・ウーディネのものと同じらしい．美術史家のゲオルグ・K・ナグラーによると，マルティーノはフェラーラおよびウーディネの地で仕事に就いていたそうである．

　それにしても，この作家による類似の作品は，他に残されておらず，あるいはまだ発見されてもいない．

ロレンツォ・シリガッティ（1625没）
『透視図の実践』（ヴェネツィア，1596）

　シリガッティはフィレンツェの数学者であり，ボローニャで講義をしていたことが知られている．彼の透視図法についての研究は評価が高く，第11版まで版を重ねた．ガリレオはその本を出版前に見ていたといわれている（シリガッティが本物らしく陰影をつけた球の図が，ガリレオに月面のスケッチを描く着想を与えたのかも知れない）が，実のところその本にはヤムニッツァーやレンカーの著書と同様に具体的な説明はない．経歴についてもほとんど知られていないが，賞賛に値する数多くの業績のために，ローマ法王シクストゥス五世によって司教に任命されたと考えられている．

ジャン＝フランソワ・ニスロン（1613-1646）
『不思議な透視図』（パリ，1638）

　ジャン＝フランソワ・ニスロンは，数学者でありイエズス会の修道士であったフライアー・マラン・メルセンヌの弟子の一人であった（メルセンヌはガリレオ，ケプラー，そしてデカルトの考えを理解しそれを擁護する立場をとっていた）．ニスロンは有能な数学者であると同時に画家としても注目されていて，数学と絵画の二つの分野を結びつけることにより，透視図，アナモルフォーシス（変化変容するだまし絵），そしてトロンプ・ルイユ（実物そっくりのだまし絵）などを調べ，それらをとくに実際の宗教絵画に適用することに関心を持っていた．『不思議な透視図』は基本的にはこれらについての研究をまとめたものである．収められた図面からは，ニスロンが，みごとに透視図法を把握し，複雑な立体の図に影をつける作業に興味を抱いていたことがわかる．

ルネサンスの多面体百科

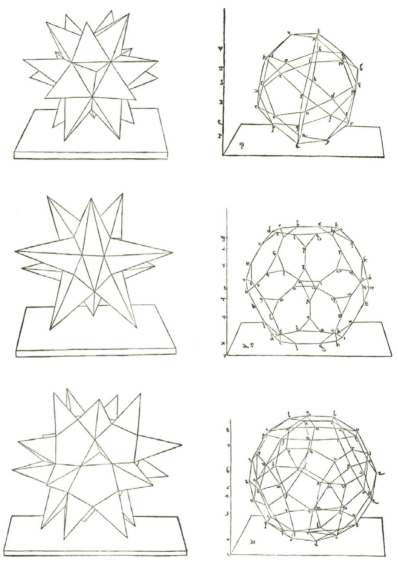

ダニエーレ・バルバロ『透視図の実際』(ヴェネツィア, 1569) より. いろいろな多面体.

イタリアとフランスにおける幾何学的透視図作家

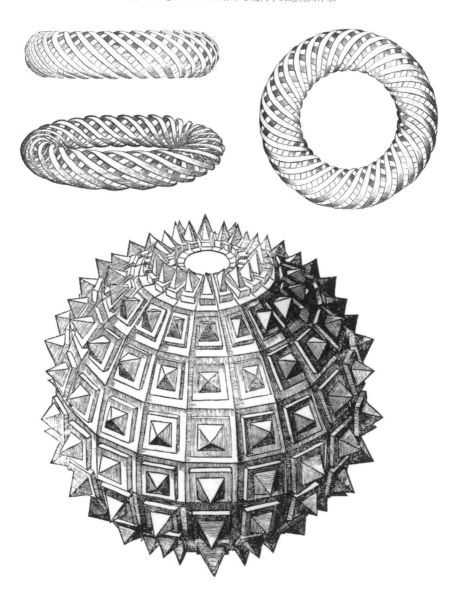

ダニエーレ・バルバロ『透視図の実際』(ヴェネツィア, 1569) より. 3種類のらせん状円環飾り (上段) と星形球状立体 (下段). 明らかにマゾッキオに関連していて, どちらからも透視図を描く腕の確かさと想像力の豊かさがうかがわれる. 付録 (278頁) にバルバロが描いたその他のさまざまなマゾッキオの変形例を示す.

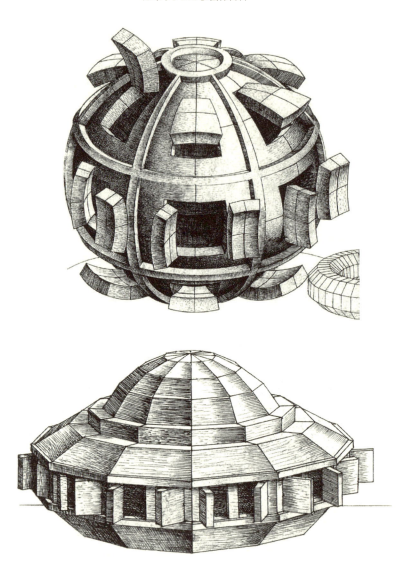

「P.P.」の署名があるマルティーノ・ダ・ウーディネによる作品2点．掲載許可：上段は美術史美術館（ウィーン），下段はハンブルク美術館．

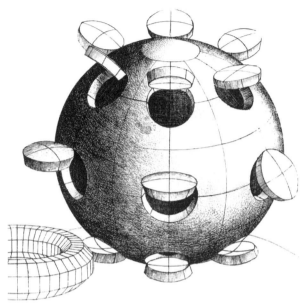

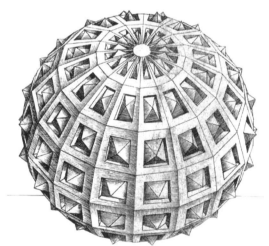

(248 頁の続き)

ロレンツォ・シリガッティ『透視図の実践』(ヴェネツィア,1596) より.掲載許可:ガリレオ博物館(旧科学史研究所博物館,フィレンツェ).

イタリアとフランスにおける幾何学的透視図作家

ロレンツォ・シリガッティ『透視図の実践』(ヴェネツィア, 1596) より. 掲載許可：ガリレオ博物館 (旧科学史研究所博物館, フィレンツェ).

ロレンツォ・シリガッティ『透視図の実践』(ヴェネツィア, 1596) より. 掲載許可：ガリレオ博物館 (旧科学史研究所博物館, フィレンツェ).

イタリアとフランスにおける幾何学的透視図作家

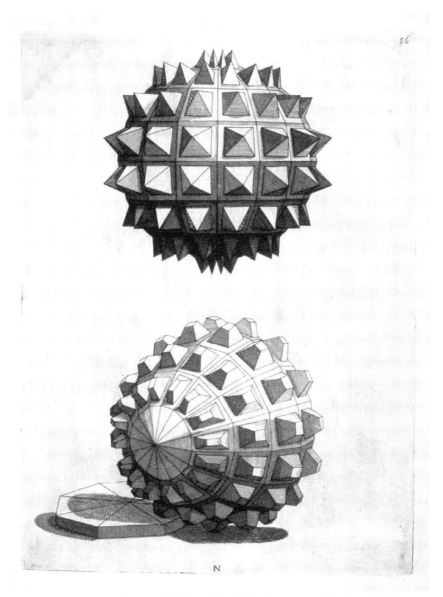

ロレンツォ・シリガッティ『透視図の実践』(ヴェネツィア, 1596) より. 掲載許可：ガリレオ博物館 (旧科学史研究所博物館, フィレンツェ).

ルネサンスの多面体百科

ロレンツォ・シリガッティ『透視図の実践』(ヴェネツィア, 1596) より. 掲載許可:ガリレオ博物館 (旧科学史研究所博物館, フィレンツェ).

イタリアとフランスにおける幾何学的透視図作家

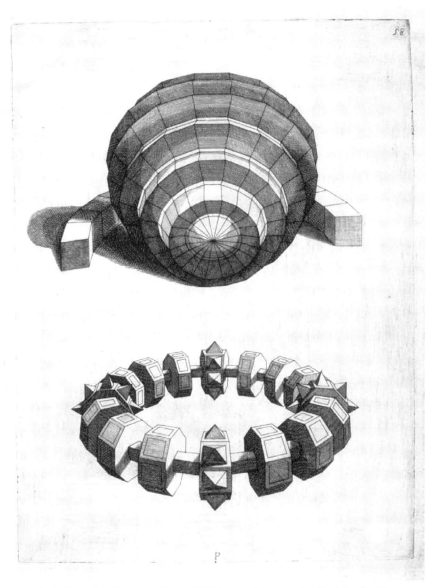

ロレンツォ・シリガッティ『透視図の実践』(ヴェネツィア, 1596) より. 掲載許可:ガリレオ博物館 (旧科学史研究所博物館, フィレンツェ).

ロレンツォ・シリガッティ『透視図の実践』(ヴェネツィア, 1596) より.
掲載許可：ガリレオ博物館 (旧科学史研究所博物館, フィレンツェ).

イタリアとフランスにおける幾何学的透視図作家

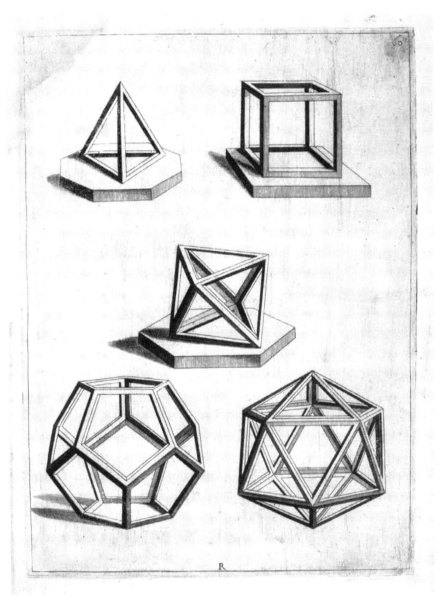

ロレンツォ・シリガッティ『透視図の実践』(ヴェネツィア, 1596) より. 掲載許可：ガリレオ博物館（旧科学史研究所博物館, フィレンツェ）.

ルネサンスの多面体百科

ロレンツォ・シリガッティ『透視図の実践』(ヴェネツィア,1596)より.掲載許可:ガリレオ博物館(旧科学史研究所博物館,フィレンツェ).

イタリアとフランスにおける幾何学的透視図作家

ロレンツォ・シリガッティ『透視図の実践』(ヴェネツィア, 1596) より. 掲載許可: ガリレオ博物館 (旧科学史研究所博物館, フィレンツェ).

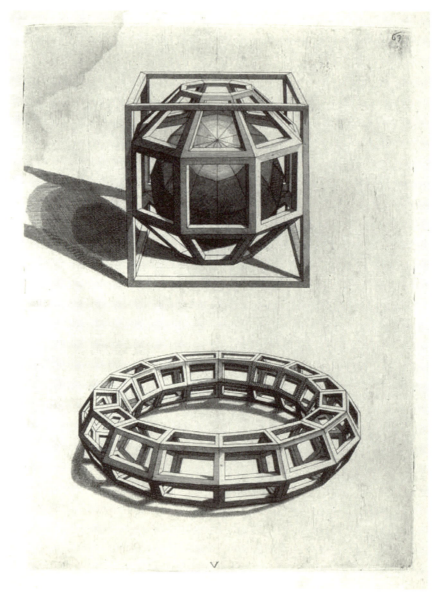

ロレンツォ・シリガッティ『透視図の実践』(ヴェネツィア, 1596) より. 掲載許可:ガリレオ博物館 (旧科学史研究所博物館, フィレンツェ).

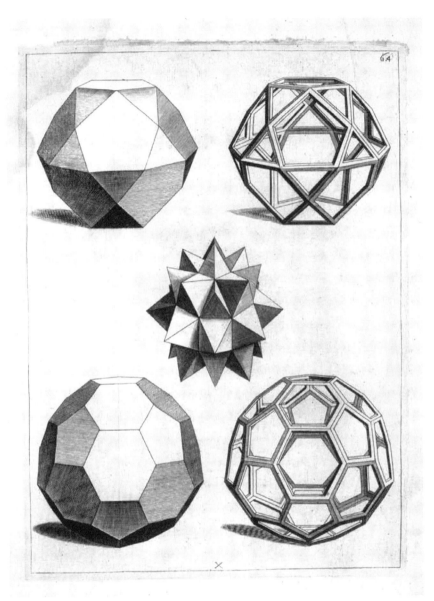

ロレンツォ・シリガッティ『透視図の実践』(ヴェネツィア, 1596) より. 掲載許可: ガリレオ博物館 (旧科学史研究所博物館, フィレンツェ).

ルネサンスの多面体百科

ロレンツォ・シリガッティ『透視図の実践』(ヴェネツィア,1596) より. 掲載許可:ガリレオ博物館(旧科学史研究所博物館,フィレンツェ).

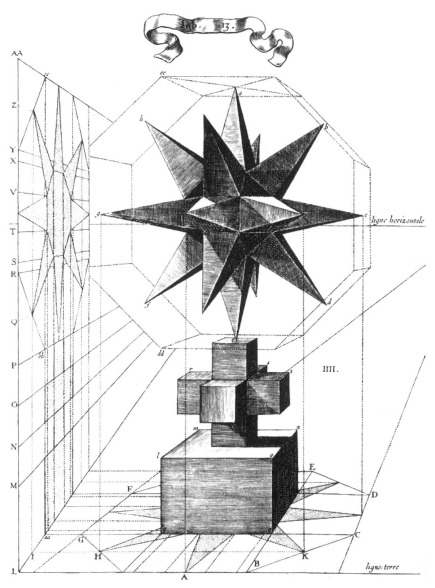

ジャン=フランソワ・ニスロン『不思議な透視図』(パリ, 1638) より.

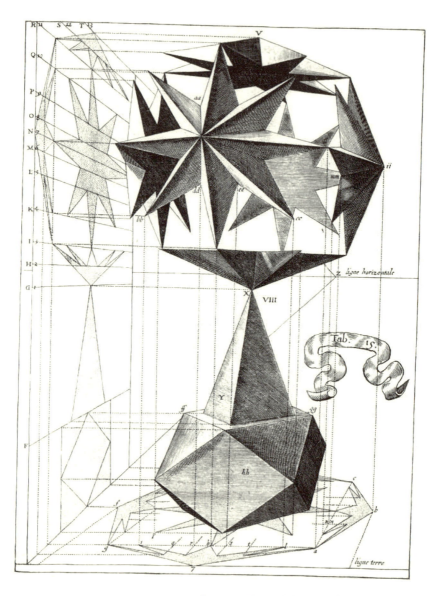

ジャン＝フランソワ・ニスロン『不思議な透視図』（パリ，1638）より．

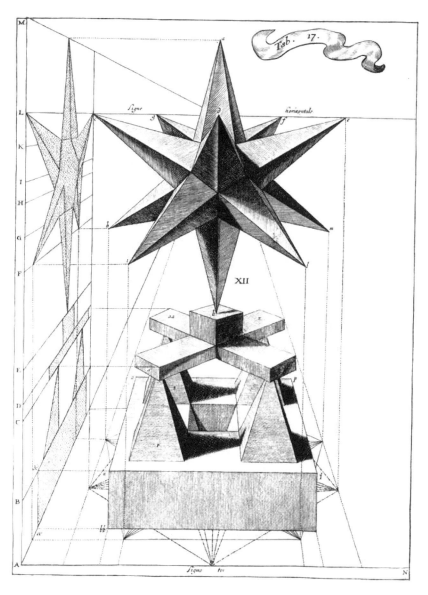

ジャン=フランソワ・ニスロン『不思議な透視図』(パリ, 1638) より.

ルネサンスの多面体百科

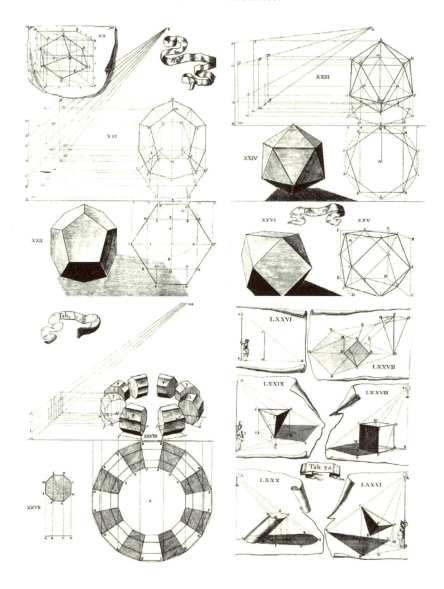

ジャン=フランソワ・ニスロン『不思議な透視図』(パリ, 1638) より.

付　　　録

イタリアにおける象眼細工（インタルジア）

　象眼細工は，精密な木目象眼細工とともに，イスラム圏からスペインを通ってヨーロッパに伝わった豪華な伝統工芸品である（語源はアラビア語でモザイクや切り嵌めを表す言葉のタルシにある）．中でもイタリアの都市シエナは，精密木工品の製作と長く関係していて，15 世紀には，すでに，象眼細工で装飾された壁や扉のパネルについての記録が見られる．この伝統的な工芸技術は初期ルネサンス期に頂点に達し，ヴェローナのフラ・ジョヴァンニ（1457-1525 ごろ）やダミアーノ・ダ・ベルガモ（1480-1549 ごろ）といった職人によって作られた繊細な作品は，その時代の画家たちが夢中になるような内容を持っていた．16 世紀に入ると，透視図と幾何学模様は，トロンプ・ルイユ（実物そっくりのだまし絵）のように，イタリアの象眼細工によく用いられるようになっている．おもしろいことに，フラ・ジョヴァンニは，ほぼ間違いなく，透視図法と多面体は宗教の瞑想のために役に立つと考えていたらしく，自らのいくつかの作品でダ・ヴィンチの描いた多面体を模写している．

ルネサンスの多面体百科

サンタ・マリア・イン・オルガノ教会（ヴェローナ）の象眼細工（1494-1499 ごろ）．フラ・ジョヴァンニ・ダ・ヴェローナ作．

付録

サンタ・マリア・イン・オルガノ教会(ヴェローナ)の象眼細工(1494 − 1499 ごろ).フラ・ジョヴァンニ・ダ・ヴェローナ作.

ルネサンスの多面体百科

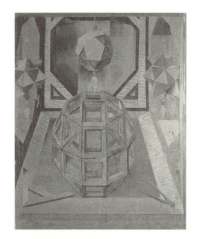

上段は,サン・ドミニコ教会の象眼細工(1500代初頭).フラ・ダミアーノ・ザンベリ(ダミアーノ・ダ・ベルガモ).
下段は,モンテ・オリヴェット・マッジョーレ修道院(シエーナ近郊)の象眼細工パネル(1503-1506ごろ),制作:フラ・ジョヴァンニ・ダ・ヴェローナ.

ドイツにおける象眼細工（インタルジア）

　北方ルネサンスの時代に，象眼細工は，透視図法や多面体といった幾何学的素材ならびにトロンプ・ルイユとともにドイツにも広まり，その中心であったニュルンベルクやアウグスブルクでは一時期，ほとんど熱狂状態ともいえるほど大流行した．ただし，イタリアの象眼細工とは違い，宗教的な意味合いはほとんどなかった．そうしたドイツの象眼細工家具の職人たちはイタリアの職人と同様に，作品に取り入れる素材を印刷物の絵から借りていた．その中でシュトーアの作品は疑いもなくその素材に影響を与えていたと思われるが，シュトーアの作品の図が使われたという直接の証拠はほとんどなく，ましてや有名な『幾何学と透視図』（ニュルンベルク，1567）の一連の図が利用されたという痕跡はまったくない．

ルネサンスの多面体百科

上段は象眼細工された書き物机（アウグスブルク，16世紀）．フランクフルトの応用工芸博物館所蔵．下段はその詳細．

付　　　録

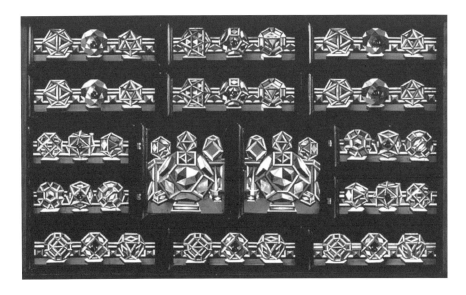

上段は象眼細工された書き物机（ニュルンベルク，16世紀）．フランクフルトの応用工芸博物館所蔵．下段は正面パネルの詳細．

ルネサンスの多面体百科

上段は象眼細工された書き物机の左側パネルの詳細（ニュルンベルク，16世紀）．
フランクフルトの応用工芸博物館所蔵．下段はその右側パネルの詳細．

マゾッキオ

　ドーナツ形のマゾッキオのかたちは，もともと派手好みの帽子を意味するフィレンツェ風の帽子を掛ける枠としてデザインされたもので，それが後に幾何学的透視図の研究の題材に取り入れられていった．ウッチェッロがマゾッキオの透視図を茶色のインクと黒の淡彩色で描いた作品は，現在，ルーブル美術館に所蔵されている（図の1）．レオナルド・ダ・ヴィンチも自らのノートに数点描き残している（図の2）．またヴェンツェル・ヤムニッツァーの本およびヨハネス・レンカーの本のいずれにも採り上げられている（図の3-5）．ピーター・ハルトは著書『透視図の技法』の中にマゾッキオをさまざまに変形した図を残していて（図の6-8），これらは古典にはない新しく工夫された図の例としてルネサンスの幾何学的透視図の研究書に採用された．ロレンツォ・シリガッティの，『透視図の実践』では中心的な素材となっていて（図の9-11），ダニエーレ・バルバロは『透視図の実際』の中でこうしたマゾッキオの一連の変化形を紹介している．

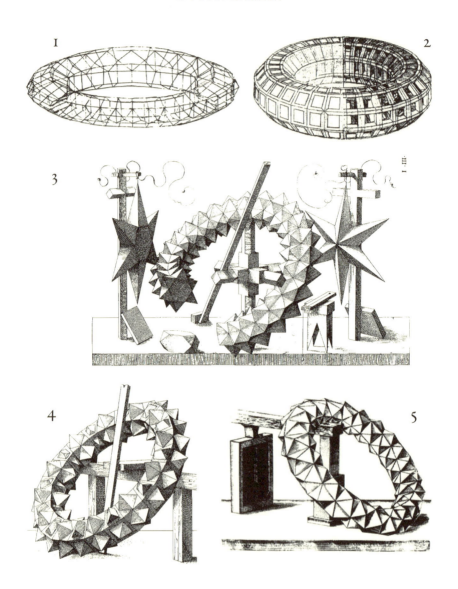

さまざまなマゾッキオ．上段左はウッチェッロ，上段右はダ・ヴィンチ，中段および下段左はヤムニッツァー，下段右はレンカー作図．

付録

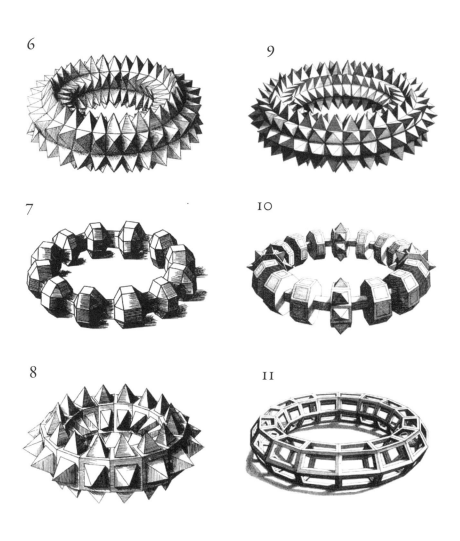

さまざまなマゾッキオ．左列はピーター・ハルト，右列はシリガッティ作図．

ルネサンスの多面体百科

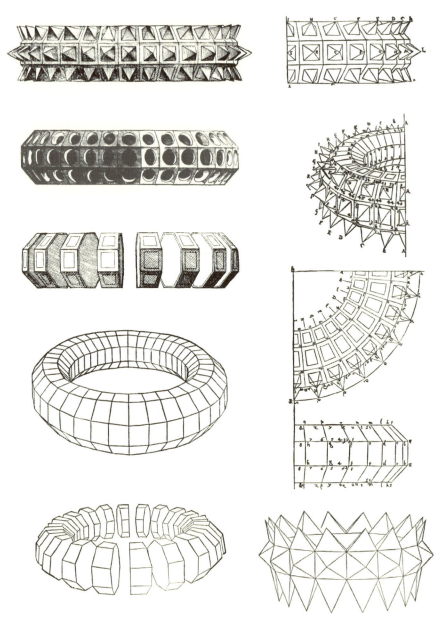

ダニエーレ・バルバロの『透視図の実際』に見るマゾッキオ．

象徴的球体

　球形の模型を天文学や地理学の計算に応用することは，遅くともプトレマイオスの時代から行われている．とくに，天球儀は，紀元前2世紀のヘレニズム時代の天文学者エラトステネスによって発明されたといわれている．

　当初からこうした模型は実用品としてだけではなく，ある種の象徴図形あるいはモニュメントとしても重宝されてきた．ただし実用品としては，大きくて扱いにくいものであった．プトレマイオス自身の天球儀には七つの輪が連結されていて，ほとんど使いこなすのは不可能であったようである．何世紀も後のティコ・ブラーエは自分用の天球儀で天文計算をするのを諦めてしまったという．それに対して，アストロラーベ[訳注1]は科学装置として行き渡っていて，レギオモンタヌスは天体の相対運動について計算することなく示すには「これ以上のものはない」と明言していた．

　天文装置がもつ実用上の真の価値はともかくとして，天球儀などが中世後期の科学書に挿絵として頻繁に描かれていることから判断すると，当時は，何らかのモニュメントとして重要な価値を持っていたことは確かである．とくに，天文学者，占星術師，数学者たちの肖像画の中には天球儀がしばしば描き込まれていて，天文学の象徴としての，天文学や天文の女神ウラニアの芸術的な表現となっている．また統治者たちによって世界支配の象徴として利用され，聖人の肖像画や紋章では天国を瞑想する象徴として，あるいはまたもっと理性的な普遍的な概念の象徴として，用いられてきたようである．

ルネサンスの多面体百科

カンパヌスの球. この立体の名前は13世紀の天文学者で数学者でもあったノヴァーラのカンパヌスにちなんでつけられた. カンパヌスはユークリッドの『原論』をアラビア語からラテン語に翻訳したことでよく知られている. その訳本は以後300年の間, 『原論』の標準版とされていた. 他にも天文学ならびに数学の分野で多くの重要な翻訳を行い, またエクアトリウムという天文観測用の装置を作ったことでも知られている. この装置もアストロラーベのように, 計算することなく太陽, 月, 惑星の相対位置を定めるのに用いられる天文学用の機器である. さらに占星術の分野にも重要な貢献をしていて, カンパヌスの考案した十二室の体系は今でも占星術に用いられている. 図はダ・ヴィンチによるもので, ルカ・パチョーリの『神聖比例論』に収録されている.

天球儀. 天球儀は, 中心に置かれた地球を囲んで, いくつかの連結された環が全体の枠組みを構成するもので, それぞれの環は緯線, 経線, 黄道, 天の赤道などを表している. これは基本的には円盤状のアストロラーベの球形版であり, 地球のまわりの星の動きを示す道具である. この装置はヘレニズム時代の天文学者にはすでに知られていて, イスラム世界に入ってさらに改良され, ヨーロッパに渡ってルネサンスを引き起こす偉大な文化の恵みの一端を担ったのである.

ここに示した天球儀の図は, クラヴィウス[訳注2], ケプラー, レギオモンタヌス, そしてアピアヌスによる著書のタイトル頁に描かれている.

付　　　録

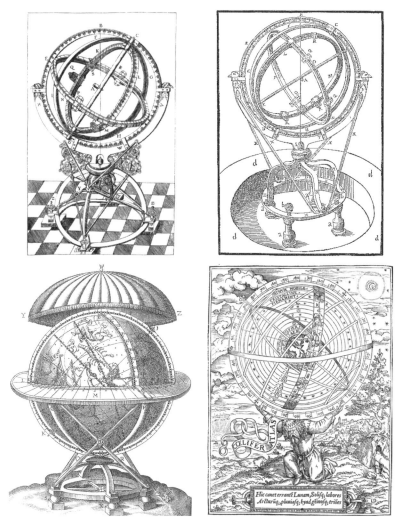

上段はティコ・ブラーエの何冊かの著書のタイトル頁に描かれている天球儀．下段左はティコの天球模型，下段右はカニンガム[訳注3]の天球儀

■訳注
1. 球形の天球儀に対して，アストロラーベはいくつかの円盤を組み合わせた平面上の天体観測用機器．
2. クリストファー・クラヴィウス（1538-1612），ドイツの数学者，天文学者．
3. ウィリアム・カニンガム（1531-1586），イギリスの医師，占星術師，木版画職人．著書に『宇宙誌の鏡』（ロンドン，1559）がある．

ルネサンス時代の幾何学的透視図法研究書ならびに関連出版物

(出版年代順に配列)

De Prospectiva pigendi, c.1470; Piero della Francesca (c.1410-1492)
Libellus de Quinque Corporibus Regularibus, c.1480; Piero della Francesca (c.1410-1492)
Euclid's *Elementa Geometriae*, Venice,1482; Erhard Ratdolt (1442-1528)
 　『ユークリッド原論』追補版，中村幸四郎・寺阪英孝・伊東俊太郎・池田美恵訳（ただしギリシャ語原典からの日本語訳．共立出版，2011）
De Divina Proportione, Venice, 1509; Luca Pacioli (1446-1517); Leonardo Da Vinci (1452-1519)
 　ルカ・パチョーリ『神聖比例論』(1509年ヴェネツィア版による完全復刻版．文流，1973).
Underweysung der Messung mit dem Zirckel und Richscheyt, Nuremberg, 1525; Albrecht Dürer (1471-1528)
 　アルブレヒト・デューラー『測定法教則』注解（中央公論美術出版，2008）．
Vier Bucher von Menschlicher Proportion, Nuremberg, 1528; Albrecht Dürer (1471-1528)
 　アルブレヒト・デューラー『人体均衡論四書』注解（中央公論美術出版，1995）．
Ein schon nutzlich Buchlein, Nuremberg, 1531; Hieronymus Rodler (d.1539)
Ein aigentliche und grundliche anweysung in die Geometria, Nuremberg, 1543; Augustin Hirschvogel (1503-1553)
Geometrische und Perspektivische Zeichnungen, Nuremberg?, c.1560; Anonymous (c.1565-1600)
Leçons de Perspective, Paris, 1560; Jean Cousin (1490-1560)
Des Circles und Richtscheyts, Nuremberg, 1564; Heinrich Lautensack (1520-1568)
Geometria et Perspectiva, Augsberg, 1567; Lorenz Stoer (c.1540-1620)
Perspectiva Literaria, Nuremberg, 1567, 1596; Johannes Lencker (1551?-1585)
Perspectiva Corporum Regularium, Nuremberg, 1568; Wentzel Jamnitzer (1508-1585)
La Pratica della Perspettiva, Venice, 1569; Daniel Barbaro (1513-1570)
Perspectiva, Nuremberg, 1571; Johannes Lencker (1551?-1585)
Leçons de Perspective Positive, Paris, 1576; Jaques Androuet Du Cerceau (1549-1584)
Mysterium Cosmographicum, Tubingen, 1596; 1621; Johannes Kepler (1571-1630)
 　ヨハネス・ケプラー『宇宙の神秘』大槻真一郎・岸本良彦共訳（工作舎，1982/2009）
La Practica di Prospettiva, Venice, 1596; Lorenzo Sirigatti, d.1625
Extract der Geometriae und Perspectivae, Nuremberg, 1598; Paul Pfinzing (1554-1599)
Perspective, Amsterdam, 1604 ; Jan Vredeman de Vries (1527-c1607)
Strena seu de Niva Sexangula, Frankfurt, 1611 : Johannes Kepler (1571-1630)
 　ヨハネス・ケプラー『新年の贈り物あるいは六角形の雪について』榎本美恵子訳（知の考古学，1977・3-4月号，社会思想社）
Praxis Perspective, Leipzig, 1615 ; Lucas Brunn (1572-1628)
Harmonices Mundi, Frankfurt, 1619: Johannes Kepler (1571-1630)
 　ヨハネス・ケプラー『世界の調和』島村福太郎訳（河出書房新社，1963）
 　ヨハネス・ケプラー『宇宙の調和』岸本良彦訳（工作舎，2009）

Prospettiva Pratica, Florence, 1625; Pietro Accolti (1579-1642)
Perspectivische Reiss Kunst, Augsburg, 1625, Peter Halt (uncertain)
La Perspective Curieuse, Paris, 1638 ; Jean-François Niçeron (1613-1646)
La Perspective Pratique, Paris, 1642 ; Pierre Le Dubreuil (1602-1670)
Aerarium Philosophiaae Mathematicae, Rome, 1648 ; Mario Bettini (1582-1657)
Perspectiva pictorum et Architectoerum, Augsburg, 1693 ; Andrea Pozzo (1642-1709)
Linear Perspective, London, 1715; Brook Taylor (1685-1731)
Lucidum Prospectivae Speculum, Augsburg, 1727; Paul Heinecken (1680-1746)

参考文献

Anderson, Kirsti: *The geometry of an art: the history of the mathematical theory of perspective*; Springer, N.Y. 2007

Bedini, Silvio: *The Perspective Machine of Wentzel Jamnitzer; Technology and Culture*, April, 1968, Volume 9, Number 2

Cromwell, Peter R: *Polyhedra*; Cambridge University Press, 2004
　ピーター・クロムウェル『多面体』下川航也，平澤美可三，松本三郎，丸本嘉彦，村上斉訳（シュプリンガー・フェアラーク東京，2001，数学書房，2014）

Gluch, Sibylle: *The Craft's Use of Geometry in Sixteenth Century Germany*; University of Dresden, 2007

Hart, George W: *Polyhedra and Art through History*, www.georgehart.com

Kemp, Martin: *The Science of Art: Optical themes in western art*; Yale University Press, 1990.

Pfaff, Dorothea: *Lorenz Stoer: Geometria et Perspectiva*; LMU Publikatione.

Richter, Fleur: *Die Ästhetik geometrischer Korper in der Renaissance*; Verlag Gerd Hatje, 1995

Smith, Jeffry Chipps: *Nuremberg and the Topologies of Expectation*; Journal of the Northern Renaissance, Spring, 2009

Schreiber, P: A *New Hypothesis on Dürer's Enigmatic Polyhedron in His Copper Engraving 'Melencolia'*; Historia Math. 26. 369-377, 1999

Sutton, Daud: *Platonic & Archimedean Solids*; Walker & Company, 2002
　ダウド・サットン『プラトンとアルキメデスの立体：三次元に浮かびあがる美の世界』青木薫訳（ランダムハウス講談社，2005）．
　ダウド・サットン『プラトンとアルキメデスの立体：美しい多面体の幾何学』駒田曜訳（創元社，2012）．

Van den Broeke, Albert and Ruttkay, Zsofia: *A closer look at Jamnitzer's polyhedra*; University of Twente.

Various, *The sources and Literature of Perspective* www.sumscorp.com,

Veltman, Kim H: *Geometric Games. A History of the Not so Regular Solids* 1990

Wood, Christopher S.: *The Perspective Treatise in Ruins: Studies in the History of Art, Symposium Papers XXXVI*, Washington Nat. Gall. Of Art, CASVA, 2003 (Republished with CD-ROM edition of Lorenz Stoer: *Geometria et Perpectiva* Harald Fischer Verlag, Erlangen, 2006).

謝　　辞

　原著執筆にあたって，次の方がたから，図ならびに写真の使用許可を得た．ご厚意に対して深く感謝する．

ダウド・サットン氏：2002年にウッデン・ブックス社より刊行された『プラトンの立体とアルキメデスの立体』の中のプラトンの立体とアルキメデスの立体の図．
ヘルツォーク・アウグスト図書館：無名作家による図（Cod Guelf. 71.I, Aug.20）．
ガリレオ博物館（旧科学史研究所博物館，フィレンツェ）：ロレンツォ・シリガッティの『透視図の実践』の図．
エルランゲンのハラルド・フィッシャー出版：ローレンツ・シュトーアの『幾何学と透視図：正多面体と不規則多面体』の図．
ミュンヘン・バイエルン州立グラフィック収蔵館：「はじめに」で紹介したローレンツ・シュトーアによる図．
アムステルダム・リジクス美術館：ヴェンツェル・ヤムニッツァーによる図．
ニュルンベルク・市立図書館：アルブレヒト・デューラーによる図．
ケルン・応用工芸博物館：付録の象眼細工の写真．
フランクフルト・応用工芸博物館：付録の象眼細工の図．
ハンブルク美術館：マルティーノ・ダ・ウーディネによる「P.P.」の署名のある図．
ウィーン・美術史美術館：マルティーノ・ダ・ウーディネの「P.P.」の署名のある図．

訳者による補遺

日本におけるドイツの構成幾何学

　本書に収められている幾何学図形を見ていると，誰もが，その図形の洗練された美しさに目を奪われるだろう．見事に組み合わせられた立体や複雑な多面体などの形態からは，ただ単に，秀麗で調和のとれた表現を見ることができるだけでなく，それらを描いたヤムニッツァーたち南ドイツの作家たちが，豊富な幾何学的知識と作図技術を習得していたことを類推することもできる．

　シュトーアの『幾何学と透視図』，ヤムニッツァーの『正多面体の透視図』，シリガッティの『透視図の実践』，ニスロンの『不思議な透視図』など，これらの書物の題名からイメージできるように，ルネサンス期の西欧世界での最先端科学の基礎には，正多面体などを扱う幾何学理論と，奥行きのある3次元立体（空間）を平らな画面に描き出すための透視図法理論があった．今日に至ってもなお，この二つの理論は数学，機械・建築設計学，そしてコンピュータグラフィクスなどの分野における基礎知識となっている．本書に掲載されている図は，まさにこの二つの理論の黎明期に描かれたものである．とくに南ドイツ地域で発展した幾何学理論は，レンカー，シュトーア，ヤムニッツァーら，デューラー以降に活躍したクラフツマン（金細工師・版画家・ステンドグラス職人・作家）により，正多面体やいくつもの立体が組み合わされた構成作品を，遠近感を持たして描き出す透視図の理論として確立されたのである．

　デューラーは，1494年から1495年にかけてと，1505年から1507年にかけての合計2回，ヴェネツィアに赴いている．このイタリア旅行により得られたプラトン，アリストレス，そして印刷本として流布されたばかりのユークリッドの『原論』を基にした幾何学知識は，アルプス以北の南ドイツの諸都市アウグスブルクやニュルンベルクにおいて活躍したシュトーアやヤムニッツァーたちクラフツマンに伝えられ展開させられていった．現代の幾何学史家は，こうしたデューラーの幾何学を，「数学的構成幾何学 Mathematicizing Constructive Geometry」（グルッヘ S. Gluch）と名付け，また16世紀のニュルンベルクで用いられた作図法を，「構成的透視図法 Constructing Perspective」（ペイファー J. Peiffer）と呼んでいる．

　シェルビー L. Shelby の『ゴシック建築の設計術』*Gothic Design*

Techniques（1977）（前川道郎，谷川康信訳，中央公論美術出版，1990）によると，石工のマテウス・ロリツァー Matthäus Rorizer（1440-1495 ごろ）が著した『ドイツの幾何学』*Geometria deutsch*（1497）では，「幾何学的諸問題の解法は，水準器や直角定規や三角定規やコンパスや直定規のような器具を用いた簡単な幾何図形の作図と物理的な操作を含んでいる」として，「ユークリッド幾何学と区別し，また，他方では実用幾何学に関する中世の諸論文と区別するため」，《構成幾何学 Konstruktive Geometrie》という言葉を使っている．

このように，本書に掲載されているデューラー以降のクラフツマンたちの図の数かずは，ドイツ幾何学，すなわち《構成幾何学》の成立と展開を知るうえで，重要な意味を持っている．

このドイツ幾何学が日本で広められた経緯については，増田祥三が，フランスのガスパール・モンジュ Gaspard Monge が 1799 年に出した『図法幾何学』*Géométrie descriptive*（山内一次訳，山内一次遺稿刊行会，1990）を基礎にする狭義の意味における図学（図形科学）を踏まえつつも，ドイツ語の「コンストラクティオ Konstruktion」に，「作図」ではなく「構成」という訳語を当てて作った《構成幾何学》という名称に結実している．この名称は，すでに 1888 年に出版されたブロイヤー A. Breuer の教科書で使われ，さらに 1957 年に出されたホーエンベルグ F. Hohenberg の『技術における構成幾何学』*Konstruktive Geometrie für Techiker*（増田祥三訳，日本評論社，1969）の中でも使われた．その邦訳の中で，増田は，ドイツ幾何学について，「立体構成，運動構成，図構成，すなわち作図法に共通な構成を取り扱う幾何学であるから」，《構成幾何学》という名称を用いたと記している．こうして，ドイツの《構成幾何学》は，モンジュの「図法幾何学」に並んで，日本における図学（図形科学）の基礎を支えるようになった．

その一方で，ルネサンス期のイタリアにおいて，ブルネレスキの透視図実験に始まり，アルベルティ，レオナルド・ダ・ヴィンチらを経て完成した透視図法もまた，《構成幾何学》に用いられるアフィン変換や共線変換などを用いずとも幾何学的に精確な透視図を作図することができる方法として，《構成幾何学》と「図法幾何学」の一部分として活用されている．

奈 尾 信 英

訳者あとがき

　本書は伝統的な多面体やアラベスクの研究家で幾何学を応用する彫刻家としても知られるイギリスのデビド・ウェイドの『ファンタスティック・ジオメトリー』つまり『幻想の幾何学』の全訳である．というと風変わりな幾何学書という印象を受けるが，実際はふつうにいう幾何学とは無縁で，ルネサンス時代に透視図という遠近法で描かれた豪華で幻想的な多面体の図集となっている．それで，誤解を避けるためタイトルは原著の副題を書き換えた『ルネサンスの多面体百科』とした．本文の概要については巻頭の「本書について」に紹介してある．

　原著は，出版直後から科学と芸術の境界領域に関心を持つ研究者や趣味人のあいだで評判になっていた．それを知った編訳者は，迷わず原著を手に入れて驚いた．手作りのような体裁で，ふつうなら表紙に続いて明記される出版社名や出版年などの記載は一切なく，全約270頁のうち200頁近くは，おそらくは日本ではほとんど知られてこなかったと思われる古色蒼然としながらもきわめて精密な多面体の透視図が，明快な歴史観に従ってわかりやすく解説されていた．その特殊な内容と装丁に魅せられてすぐ同好の士を集めて4名で翻訳に取り掛かり，約1年ですべての作業を終えた．

　訳を担当したのは，1，2章は博物館学の山下，3，4，5章は建築工学の奈尾，「幾何学と偉大な知性」以下の図集と付録は物理学の日野，それ以外の付帯部分は幾何形態学の編訳者で，全体の最終的な調整は編訳者が行った．和風の感覚では訳しにくい個所についてはハンガリーの形態学者ティボール・タルナイ博士の助言をいただいている．また訳文に加えて，本書収録の多くの図について，長年詳細な研究を進めている奈尾による訳者補遺を添えてある．

　こうした作業を最初から見守り，出版にいたるまでの煩雑な業務を遂行されたのは丸善出版(株)第二編集部長の小林秀一郎氏である．記して深謝する．

2018年　初夏

訳者を代表して
宮　崎　興　二

事項索引

■あ行

アカデメイア　Academy　12
アストロラーベ　armillary astrolabe　279
『新しい幾何学と透視図法の発明』　Neue Geometrische und Perspectivische Inventiones　31, 46
『アトランティコ手稿』　Codice Atlantico　20
アナモルフォーシス　anamorphosis　77, 245
網目を使う製図工　Draughtsman's Net　34
アムステルダム・リジクス美術館　Amsterdam Rijksmuseum　285
アリストテレス主義　Aristotolianism　33
アルキメデスの立体　Archimedean solids　8, 49, 56
アルハゼン　Alhazen　25
アルハゼンの円錐形の視線　makhrut al-shu'a'　27
アルファベット文字　alphabet　61, 214, 229
アルベルティの窓　Alberti windows　29, 30, 31

イスラム文化　Islam　9
偉大な全書　magnus opus　22
『五つの正多面体の比較』　Comparison of the Five Regular Solids　8
1点透視図　one-point construction　3, 29
イデアの世界　12
色遠近法　color perspective　3
隠喩的アルファベット　metaphorical alphabet　59

ウィーン・美術史美術館　Wien Kunsthistorischer Museum　285
ウィーン都市図　Views of Vienna　57
ヴェネツィア　Venice　36, 72
宇宙コップ　Cosmic bowl　94
『宇宙誌』　Cosmographicus Liber　42
『宇宙誌の鏡』　The Cosmographical Glasse　281
『宇宙の神秘』　Mysterium Cosmographicum　48, 50, 81, 94
ウラニア　Urania　279
ウルビノ公の図書館　library of the Duke of Urbino　18

エクアトリウム　equatorium　280
『遠近法論』　De Prospectiva Pigendi　18
円錐曲線　conics　8
『円錐曲線について』　On Conic Sections　10

黄金比　golden proportion　20

■か行

『絵についての手稿』　The Trattato della Pittura　29
『絵画論』　Della Pittura　26, 29
懐疑論　Skepticism　12
『画家と建築家のための透視図法』　Perspectiva Pictorum et Architectorum　77
カドゥケウス　caduceus　43
カメラ・オブスキュラ　camera obscura　23, 24, 33, 44, 49, 244
ガリレオ博物館　Museo Galileo　285

カレンダリオ　Kalendario　36
カンパヌスの球（カンパヌスの多面体）
　　Campanus sphere　87, 280

『器械の書』　Instrument Book（Instrument Buch）　42
『幾何学原論』　Elementorium Geometricum　36
『幾何学と透視図』　Geometria et Perspectiva　viii, 62, 178, 191, 271
『幾何学と透視図：正多面体と不規則多面体』　Geometria et Perspectiva: Corpora Regulata et Irregulata　178
『幾何学と透視図の図集』　Geometrische und Perspectivische Zeichnungen　215
『幾何学と透視図法の概要』　Extract der Geometriae und Perspective　32, 65, 66, 216, 236
『幾何学における新しく完璧な手引書』　Ein aigentliche und grundliche anweysung in die Geometria　54, 56
『幾何学の種類』　typus geometriae　41
『技術器械基礎論』　Tractatus Primus Instrumentorum Mechanicorum　44
『技術における構成幾何学』　Konstruktive Geometrie für Techniker　287
象徴的球体　emblematic sphere　279
宮廷数学者　Court Mathematician　215
『球と円柱について』　On the Sphere and Cylinder　18
近代光学の父　father of modern optics　22

空気　air　7, 13, 96
『屈折光学』　Dioptrice　48
組み文字模様　monogram　244

『芸術家列伝』　Lives of the Artists　28
『計測法教本（測定法教則）』　Underweysung der Messung　38, 57, 70, 80
『計測法小教本』　Ein schon nutzlich Buchlein　56
ケルン・応用工芸博物館　Köln Museum für Angewandte Kunst　285
元素　elements　7, 13, 92, 96
『原論』　Elements　7, 8, 15, 20, 33, 36, 96, 215, 280

光学　Optics　25
『光学事典：アルハゼニ アラビス』　Opticae Thesaurus Alhazeni Arabis　23
『光学の書』　Kitab al-Manazir　20, 22, 23, 33
構成幾何学　Konstruktive Geometrie（独），Constructive Geometry　287
構成的透視図法　Constructing Perspective　286
『皇帝の天文学』　Astronomicus Caesareum　42
『ゴシック建築の設計術』　Gothic Design Techniques　286
『国家』　The Republic　12
『異なる透視図作画装置の発明における三つの重要な新しい功績』　Drei Wichtige newe Kuntststuck in underschidlichen Perspectivischen Instrumentum inventiert und erfunden　71
コペルニクスの地動説　Copernican heliocentric theory　48

■さ行

『算術論』　Trattato d'Abaco　18
サンタ・マリア・イン・オルガノ教会　Church of Santa Maria in Organo　268
サンタ・マリア・デル・フィオーレ大聖堂　Santa Maria del Fiore　28
サン・ドミニコ教会　Basilica of San Dominico　270
サン・マルコ大聖堂　Basilica di San Marco　18, 19

シエナ　Siena　267
シチリア　Sicily　15
『実践的透視図法講義』　Leçons de perspective positive　77

事 項 索 引

『実用的透視図法の二つの法則』 Two Rules of Practical Perspective　27
『実用透視図法』 Praxis Perspectivae, Prospettiva Pratica　44, 73, 74, 215, 228
使徒　Apostles　42
『四分儀』 Quadrans Apiani Astronomicus　42
射影幾何学　projective geometry　77
写実的表現法　realistic representation　30
十二室　twelve houses　280
十二・二〇面体　icosidodecahedron　8, 86
小星形十二面体　small stellated dodecahedron　19, 49, 92
『職能の書』 Book of Trades（Das Standebuch）　55, 60
ショルンドルフ　Schorndorf　217
『神聖比例論』 De Divina Proportione　20, 36, 80, 280
『人体比例論四書（人体均衡論四書）』 Vier Bucher von Menschlicher Proportion　38, 70
新プラトン主義　Neoplatonism　12, 16

数学的構成幾何学　Mathematicizing Constructive Geometry　286
『数学的哲学の宝庫』 Aerarium Philosophiae Mathematicae　73, 74
図学（図形科学）　descriptive geometry　287
ストア主義　Stoicism　12
『図法幾何学』 Géométrie descriptive　287

正確な書体　correct shaping of letters　38
正四面体　regular tetrahedron　4, 7, 48, 82, 92, 96
正十二面体　regular dodecahedron　4, 7, 42, 48, 82, 86, 94
正多面体　regular polyhedra　4, 13, 39, 48, 59, 92, 96, 178, 215
『正多面体の透視図』 Perspectiva Corporum Regularium　59, 61, 81, 96, 174

『正多面体論』 Libellous de Quinque Corporibus Regularibus　17, 18
正二〇面体　regular icosahedron　4, 7, 42, 48, 82, 85, 94
正八面体　regular octahedron　4, 7, 48, 82, 84, 94, 96
西方ラテン世界　15
『世界の調和』 Harmonices Mundi　47, 49, 81, 92, 94
世界の図書館員　librarians of the world　10
切頂四面体　truncated tetrahedron　8, 83
切頂十二・二〇面体　truncated icosidodecahedron　8
切頂十二面体　truncated dodecahedron　8
切頂二〇面体　truncated icosahedron　8, 17, 85
切頂八面体　truncated octahedron　8, 85
切頂立方体　truncated cube　8
切頂立方八面体　truncated cuboctahedron　8
線遠近法　linear perspective　3, 25

象眼細工　Intarsia　63, 178, 267, 271

■た行

『第一論考』 Tractatus Primus　31
「大使たち」 Ambassadors　52
『大全』 Summa　19
大星形十二面体　great stellated dodecahedron　49, 92
タルシ　tarsi　267

土　earth　7, 13, 96

『ティマイオス』 Timaeus　7, 12, 13, 59, 96
『デカメロン』 Decameron　66
『デリ・アスペクティ』 Deli Aspecti　25
展開図　net　72
天球儀　armillary sphere　279, 280
『天球の回転について』 De Revolutionibus Orbium Coelestium　51, 70

291

天球模型　Celestial sphere　281
『天体器械論』　Astronomiae Instauratae Mechanica　44
『天文学の光学部分』　Astronomiae Pars Optica　49

ドイツの幾何学　Geometrical treatises in Germany　53, 287
ドイツの構成幾何学　Constructive Geometry in Germany　286
ドイツのチェッリーニ　German Cellini　59
ドイツ・マニエリスム　German mannerism　70
ドゥオモ　Duomo　28
透視図　perspective　1, 3, 17, 22, 25, 27, 29
透視図作画装置　Perspectograph　32, 68, 215
『透視図作画装置の3種類の新しい使い方』　Drei Wichtige neue Kunststuck in underschiedlichen Perspectivischen Instrumentum inventiert und erfunden　32
透視図作画用窓枠　perspective frame　30, 34
『透視図の技法』　Perspectivische Reiss Kunst　66, 68, 217, 237, 242, 275
『透視図の実際』　La Pratica della Perspettiva　72, 244, 246, 275
『透視図の実践』　La Practica di Prospettiva　75, 245, 250, 275
透視図法　26, 27, 30, 76
『透視図法』　De Prospectiva Pigendi　29, 60, 61, 76, 214
『透視図法と比例におけるコンパスと直定規の利用教本』　Des Circles und Richtscheyts　57
『透視図論』　De Prospectiva Pigendi　26
土台部　pedestals　174
ドレスデンの美術蒐集室　Dresden Kunstkammers　44, 214, 229
トレド　15
トレド翻訳学派　Toledo schools of translation　15
トロンプ・ルイユ　trompe l'oeil　77, 245, 267, 271

■な行

ニュルンベルク　Nürnberg（独）, Nuremberg　17, 33, 69, 72
『ニュルンベルク年代記』　Liber Chronicarum　24
ニュルンベルク市立図書館　Nuremberg Stadtbibliothek　285

ねじれ十二・二〇面体　Snub icosidodecahedron　8
ねじれ立方八面体　Snub cuboctahedron　8

■は行

バイエルン州立グラフィック収蔵館　Staatliche Graphische Sammlung　viii, 285
白銀比　silver ratio　49, 52
パースペクティワ　Perspectiva　25
肌遠近法　texture perspective　3
ハラルド・フィッシャー出版　Harald Fischer Verlag　285
バロック　Baroque　75
半正多面体　semi-regular polyhedra　8, 18, 39, 49, 215
パンテオン　Pantheon　27
ハンブルク美術館　Hamburger Kunsthall　285

火　fire　7, 13, 96
ビザンチウム　Byzantium　9
ビザンチン文化　Byzantine　9
菱形三〇面体　rhombic triacontahedron　49, 92
菱形十二・二〇面体　rhombicosidodecahedron　8
菱形十二面体　rhombic dodecahedron　49, 52
菱形立方八面体　rhombicuboctahedron　8, 87
美術蒐集室　Dresden Kunstkammer　44,

事 項 索 引

214
ピタゴラス音律　Pythagorean tuning　5
ピタゴラス学派　Pythagoreans　5, 6
『ピレボス』*Philebus*　13

フィレンツェ　Florence　16, 25
フィレンツェ風の帽子　Florentine hat　275
フォリオ　folio　63, 178, 215
『不思議な透視図』*La Perspective Curieuse*　77, 245
フラクトゥール　Fraktur　42, 52
プラトン主義　Platonism　2, 12, 33
プラトン哲学　Philosophical views of Plato　7
プラトンの多面体　Platonic solids　18
プラトンの立体　Platonic solids　4, 7, 16, 56, 216
フランクフルト・応用工芸博物館　Frankfurt Museum für Angewandte Kunst　285

ペスト　pestilence　65, 71
ベディーニ　Bedini　96
ヘルツォーグ・アウグスト図書館　Herzog August Bibliothek　71, 285
変形多面体　puzzling irregular polyhedra　88, 94

星形球状立体　stellated spherical figure　247
星形多面体　94
星形の球　stellated sphere　19
星形の十二・二〇面体　stellated icosidodecahedron　87
星形の正四面体　stellated tetrahedron　83
星形の正十二面体　stellated dodecahedron　86
星形の正二〇面体　stellated icosahedron　86
星形の多面体　94
星形の菱形立方八面体　stellated rhombicuboctahedron　87
星形の立方体　stellated cube　84
星形の立方八面体　stellated cuboctahedron　84
星形八面体　stella octangula　85
北方ルネサンス　Northern Renaissance　35, 41

■ま行

マゾッキオ　mazzocchio　9, 59, 72, 75, 78, 96, 275
マニエリズム　Mannerism　3
『マルガリータ百科』*The Margarita Philosophica*　41

水　water　7, 13, 96
ミトラデス戦争　Mithridatic War　12

メランコリア　Melencolia　80, 88, 89

『文字の透視図』*Perspectiva Literaria*　44, 61, 214
モンテ・オリヴェット・マッジョーレ修道院　Monastery of Monte Oliveto Maggiore　270

■や行

ヤコブ・デ・ケイゼルによる新案　Jacob de Keyser's invention　34

『雪の結晶はなぜ六角形か』*Strena seu de Niva Sexangula*　44, 48
ユリウス暦　Julian calendar　17

■ら行

らせん状円環飾り　helical ornaments　247

立方体　cube　4, 7, 48, 83, 94, 96
立方八面体　cuboctahedron　8, 84
リュートを描く製図工　Draughtsmen Drawing a Lute　34

■わ行

枠組化された　skeletised　59, 63

人名索引

■あ行

アイク, ファン　Eyck, Van　24
アッコルティ, ピエトロ　Accolti, Pietro　65, 73
アピアヌス, ペトルス　Apianus, Petrus　41, 42, 52, 280
アポロニウス　Apollonius　8, 10
アリストテレス　Aristotle　5, 33
アルキメデス　Archimedes　8, 18
アルハゼン　Alhazen　25, 27, 29
アルフォンソ6世　the Christian King Alfonso VI　15
アルベルティ, レオン・バッティスタ　Alberti, Leon Battista　26, 29
アンマン, ヨースト　Amman, Jost　55, 59, 174

イブン・アル・ハイサム　Ibn al-Haytham　20, 22, 23, 33

ヴァザーリ　Vasari　1, 18, 28, 33
ウィトルウィウス　Vitruvius　72, 244
ヴィニョーラ　Vignola　27, 31
ウィリアム・カニンガム　William Cunningham　281
ヴェロッキオ　Verrocchio　29
ヴェローナのフラ・ジョヴァンニ　Fra Giovanni of Verona　267
ヴォルゲムート, ミヒャエル　Wolgemut, Michael　37
ウッチェッロ, パオロ　Uccello, Paolo　2, 18, 19, 25, 27, 275
ウーディネ　Udine　244
ウルビノ公　the Duke of Urbino　18, 19

エラトステネス　Eratosthesnes　279
エルキンズ, ジェームズ　Elkins, James　60
エルシウス, レヴィナス　Hulsius, Levinus　43

■か行

カラヴァッジョ　Carravagio　24
ガリレイ, ガリレオ　Galilei, Galileo　2, 24, 48, 245
ガレノス　Galen　11
カンパヌス　Campanus　33, 36

ギニ　Gini　iii
ギベルティ, ロレンツォ　Ghiberti, Lorenzo　25

グーテンベルク　Gutenberg　19, 36, 51
クラヴィウス, クリストファー　Clavius, Christopher　281
クレモナのジェラルド　Gerard of Cremona　22, 52

ケプラー, ヨハネス　Kepler, Johannes　2, 19, 24, 44, 47, 51, 81, 92, 280

コジモ・ド・メディチ　Cosimo de' Medici　16
コーベルガー, アントン　Koberger, Anton　70
コペルニクス, ニコラス　Copernicus, Nicolas　17, 51, 70

■さ行

ザックス, ハンス　Sachs, Hans　55

人名索引

サットン，ダウド　Sutton, Daud　iii, 285

シクストゥス五世　Pope Sixtus Quintus　245

シクストゥス4世　Pope Sixtus　17

ジャック・アンドゥルーエ・デュ・セルソー　Jacques Androuet du Cerceau　77

シュトーア，ローレンツ　Stoer, Lorenz　viii, 1, 53, 58, 62, 64, 178, 216, 217, 271

シュライバー，ピーター　Schreiber, Peter　88

ショーン，エアハルト　Schon, Erhard　40

シリガッティ，ロレンツォ　Sirigatti, Lorenzo　75, 245, 250, 275

セルリオ，セバスティアーノ　Serlio, Sebsstiano　71

ソクラテス　Socrates　5, 13

■た行

大アリスタイオス　Aristaeus the elder　7

ダ・ヴィンチ，レオナルド　da Vinci, Leonardo　2, 18, 24, 29, 33, 80, 82, 275

ダミアーノ・ダ・ベルガモ　Damiano da Bergamo　267

ダンティ，イグナツィオ　Danti, Egnatio　27

チェスターのロベルト　Robert of Chester　52

ディー，ジョン　Dee, John　17

ティボール・タルナイ　Tibor Tarnai　288

デカルト，ルネ　Descartes, Rene　22

デュブリュイユ，ピエール　Dubreuil, Pierre le　77

デューラー，アルブレヒト　Dürer, Albrecht　ii, 2, 24, 31, 34, 37, 42, 53, 55, 70, 80, 88, 90, 286

ドナテッロ　Donatello　25, 27

■な行

ナグラー，ゲオルグ・K　Nagler, Georg K.　244

ニスロン，ジャン=フランソワ　Niçeron, Jean-François　77, 245

ニーダム，ジョゼフ　Needham, Joseph　17

ヌーシャテル，ニコラス　Neufchatel, Nicholas　43

ノイドルファー，ヨハン　Neudorffer, Johann　42, 43, 68

ノイメイスター，ハイク　Neumeister, Heike　iii

ノヴァーラのカンパヌス　Campanus of Novara　15, 33, 280

■は行

ハインド，アーサー・M　Hind, Arthur M.　244

バースのアデラード　Adelard of Bath　36

パチョーリ，ルカ　Pacioli, Luca　18, 21, 33, 80, 82, 280

パップス　Pappus　9

パラディオ　Palladio　244

ハルシウス　Hulsius　31

ハルト，ピーター　Halt, Peter　32, 66, 69, 71, 217, 237, 242, 275

バルバロ，ダニエーレ　Barbaro, Danielle　72, 244, 246, 295

パルマのブラシウス　Blasius of Parma　26

ハンス・フレーデマン・デ・フリース　Hans Vredeman de Vries　75

ピエロ・デッラ・フランチェスカ　Piero della Francesca　2, 16, 17, 26, 29, 33, 38

ピサのステファン　Stefan of Pise　52

ピタゴラス　Pythagoras　ii, 5

ビーネヴィッツ，ピーター　Bienewitz,

Peter 42
ヒポシクレス Hypsicles 9
ヒルシュフォーゲル, アウグスティン Hirschvogel, Augustin 53, 54, 55

ファウルハーバー, ヨハン Faulhaber, Johann 31, 46
フィチーノ, マルシリオ Ficino, Marsilio 16
フィボナッチ, レオナルド Fibonacci, Leonardo 52
プトレマイオス Ptolemy 9, 279
プフィンツィンク, パウル Pfinzing, Paul 32, 66, 216, 236
ブラーエ, ティコ Brahe, Tycho 44, 51, 81, 279
プラトン Plato 5, 7, 16, 96
フリシウス, レネルス・ゲンマ Frisiua, Reinerus Gemma 24
ブルネレスキ, フィリッポ Brunelleschi, Filipo 25, 28
ブルン, ルーカス Brunn, Lucas 32, 44, 46, 214, 215, 228

ベーコン, ロジャー Bacon, Roger 22
ベッティーニ, マリオ Bettini, Mario 73
ペトリウス, ヨハネス Petreius, Johannes 51
ベハイム, マルティン Behaim, Martin 18
ヘライン, ピーター Helein, Peter 70
ヘロン Hero 9

ホイヘンス Huygens 23
ボエティウス Boethius 9
ホーエンベルグ, フリッツ Hohenberg, Fritz 287
墨子 Mo-Ti 33
ボッカッチョ Boccaccio 66
ポッツォ, アンドレア Pozzo, Andrea 77
ホルバイン, ハンス Holbein, Hans 24, 52

■ま行

前川道郎 287
増田祥三 287
マルティノウ, ジョーン Martineau, John iii
マルティーノ・ダ・ウーディネ Martino da Udine 244, 248

ミノー, ジーン Mignot, Jean 52
ミューラー, ヨハネス Müller, Johannes 17

無名作家 Anon 58, 215
無名の芸術家 anonymous artist 63, 64

メルセンヌ, フライアー・マラン Mersenne, Friar Marin 245

モンジュ, ガスパール Monge, Gaspard 287

■や行

ヤコブ・デ・ケイゼル Jacob de Keyser 34
ヤムニッツァー, ヴェンツェル Jamnitzer, Wenzel 1, 32, 53, 58, 65, 68, 70, 81, 96, 174, 214, 215, 275, 286

ユークリッド Euclid 7, 8, 36, 96, 280
ユスティニアヌス Justinian 12

■ら行

ラウテンザック, ハインリッヒ Lautensack, Heinrich 53, 55, 57
ラートドルト, エルハルト Ratdolt, Erhard 36, 52

リズナー, フリードリヒ Risner, Friedrich 23

ルドルフ2世 Rudolf II 46

レ・ウィルキンス　Les Wilkins　iii
レギオモンタヌス　Regiomontanus　16, 17, 18, 33, 36, 52, 280
レンカー，ハンス　Lencker, Hans　52
レンカー，ヨハネス　Lencker, Johannes　1, 53, 58, 61, 65, 70, 214, 229, 275

ロゲル，ハンス　Rogel, Hans　70
ロドラー，ヒエロニムス　Rodler, Hieronymus　55
ロリツァー，マテウス　Rorizer, Matthäus　287

ルネサンスの多面体百科

平成 30 年 7 月 31 日　発　行

編訳者　宮　崎　興　二

訳　者　奈　尾　信　英
　　　　日　野　雅　之
　　　　山　下　俊　介

発行者　池　田　和　博

発行所　丸善出版株式会社
〒101-0051　東京都千代田区神田神保町二丁目17番
編　集：電話(03)3512-3264／FAX(03)3512-3272
営　業：電話(03)3512-3256／FAX(03)3512-3270
https://www.maruzen-publishing.co.jp

© Koji Miyazaki, Nobuhide Nao, Masayuki Hino, Shunsuke Yamashita, 2018

組版印刷・株式会社 日本制作センター／製本・株式会社 松岳社

ISBN 978-4-621-30311-5 C1540　　　Printed in Japan

本書の無断複写は著作権法上での例外を除き禁じられています。